你的教养价值千万

李瑛 / 著

天津出版传媒集团

天津人民出版社

图书在版编目（CIP）数据

你的教养价值千万 / 李瑛著. -- 天津：天津人民出版社，2017.9
 ISBN 978-7-201-12298-4

Ⅰ. ①你… Ⅱ. ①李… Ⅲ. ①个人 - 修养 - 通俗读物 Ⅳ. ① B825-49

中国版本图书馆CIP数据核字(2017)第206673号

你的教养价值千万
NI DE JIAOYANG JIAZHI QIAN WAN

出　　版	天津人民出版社
出 版 人	黄　沛
地　　址	天津市和平区西康路35号康岳大厦
邮政编码	300051
邮购电话	（022）23332469
网　　址	http://www.tjrmcbs.com
电子信箱	tjrmcbs@126.com
监　　制	黄　利　万　夏
责任编辑	玮丽斯
特约编辑	路思维　李美龄　刘沈君
装帧设计	紫图图书ZITO®
制版印刷	北京天宇万达印刷有限公司
经　　销	新华书店
开　　本	880毫米×1270毫米　1/32
印　　张	7.5
字　　数	80千字
版次印次	2017年9月第1版　2017年9月第1次印刷
定　　价	45.00元

版权所有　侵权必究
图书如出现印装质量问题，请致电联系调换（022-23332469）

目录

Part 1 最贵不过教养
你的教养价值千万

最贵不过教养 ···002

容颜易老,气质却不会 ···009

高学历并不代表你有教养 ···014

别让你的教养给颜值拉分 ···020

奢华遍地,而优雅难觅 ···026

你可以穷,但不要让自己廉价 ···031

愿你的教养能撑得起你的才华 ···037

从容的底气:要有接受挫折的勇气 ···044

能正视别人的成功,才能真正成长 ···048

CONTENTS

Part 2 | 有教养的人才会被欣赏：
有教养的生活，让你优雅而温柔

- 054… 这种人才会被欣赏：温和而坚定地生活
- 060… 有所畏，有所敬
- 067… 有种品德是不打扰、不妨碍他人
- 072… 姑娘，你不是公主病，是没教养
- 078… 旅行是最好的修行
- 084… 有正义感的人，运气都不会差
- 090… 你的形象来自你爱过的人、走过的路

Part 3 | 跟巴黎名媛学到的事儿：
自律的人生才自由

- 096… 对自己狠一点，才真的会光芒万丈
- 102… 请不要把情商低当作挡箭牌
- 108… 不妄加猜测和评判别人的生活
- 114… 别拿你的标准去"绑架"别人
- 120… 跟巴黎名媛学到的事儿
- 125… 精进：你的格局决定你的结局
- 131… 不给别人制造麻烦就是最好的教养

有修养的人不会败在情绪上: Part 4
控制好情绪,就能控制好人生

要做情绪的统治者,而不是情绪的奴隶 ⋯138
别让情绪失控害了你 ⋯144
有一种病是"我只对亲近的人发脾气" ⋯150
很多时候,激怒你的,并不是事情本身 ⋯156
为什么不能放过自己? ⋯162
职场中,会控制情绪的人才能被委以重任 ⋯167
约会大作战,你已经被看穿 ⋯173

好好说话: Part 5
教养改变命运

你嘴上说的,就是你的人生 ⋯180
不会聊天,再美也就是五分钟的事儿 ⋯185
学会倾听,是对他人的最高赞扬 ⋯190
当时我就震惊了:不要用恶语毁掉关系 ⋯196
细节见修养:英国人平均每天说100次"对不起" ⋯201
语气中见自信 ⋯206

21天教养养成手账 ⋯211

最贵不过教养
你的教养价值千万

最贵不过教养

德谟克利特

有教养的人的遗产，
比那些无知的人的财富更有价值。

《辞海》中对教养的解释为，教养指文化和品德的修养。文化、品德包含太多，也许不能马上理解。那么请简单回想一下，在谈到教养这个词的时候，你都会想到什么？

公众场合，不大声说话，咳嗽或打喷嚏时，尽量捂住嘴，不盯着陌生人一直看；和别人谈话时，懂得尊重别人，不随便打断别人，不揭别人的短处；吃饭时，不发出声音，不在盘子里挑拣，不拿筷子敲碗……

教养无处不在，体现在一个人举手投足、待人接物的种种细节中，存在于温柔、善良的内心。

真正的教养，对于男性，不是看他懂不懂为女士开车门、拉凳子，这种皮相的绅士风度太好模仿。真正的绅士风度是，你说出了他不认可的观点，他尊重你可以继续持有这样的观点，不逼着你承认他是对的；对于女性，不只在于她妆容得体，举止优雅，更要看她待人是否真诚，能否体恤他人。有教养的人，像春天的暖阳，不耀眼，不凌厉，恰到好处，给人很舒服的温暖。

一个人的相貌可以不英俊潇洒，不美丽迷人，但是不能缺乏教养。教养是一个人的潜在品质，它不会使你光芒万丈，直接地吸引他人的目光，但是，对尘世中的我们来说，教养可以使我们更加富有内涵，无形中提升自我价值，使我们能够从容自在地享受有品质的生活，在与他人的交往中和处理各种人际关系时，也更加游刃有余。

真正的教养来自一颗热爱自己、善待他人的心灵。

教养不是随心所欲，唯我独尊，而是善待他人，善待自己；认真地关注他人，真诚地倾听他人，真实地感受他人。

尊重他人，就是尊重自己，设身处地为他人着想，不给别人添麻烦。

有教养的人敬畏生命，懂得尊重他人的意愿和人格。这种人懂得把握好自己的控制欲，不将自己的意愿强加给他人。有时候你觉得你只是出于好心，但对别人来说却可能是伤害。另一方面，有教养的人始终与他人平等相待，即使在帮助别人时也要照顾到对方的自尊心，而不是一味地高高在上，展示自己的心理优势。

有教养的人敬畏规则，不妄图以"智慧"游走于规则的空隙，给别人造成不便。有的人觉得自己很聪明，总觉得规则是给别人设定的，双标对待。实际上，没有人能够逃脱规则，触犯规则的人总会自食恶果。况且，很多时候我们遵守规则不仅是为了让别人感到舒适，更是给自己行方便。

教养的真正核心是正义，没有正义感的教养都是伪教养。教养不仅是优雅举止、礼貌言谈的表现，有教养的人首先要有一颗仁慈而勇敢的心。不论世事人情如何变化，有教养的人始终知道什么是正义，并坚持不做不义之事。这与别人是否看见、如何评价无关，你做事的初衷只是为了对得起自己的良心。

教养不仅是对他人的尊重，也是对自己的尊重。从内在来说，我们要不断地充实自己、沉淀自己、约束自己，让自己成为一个有内涵的人，有正能量的人。从外在来讲，我们要把自己最好的一面展示给别人，穿衣打扮、言谈举止要恰当得体、精致优雅；在赢得别人欣赏、尊重的同时，我们自身也获得了自信和快乐。教养是一个人最好的名片。

一个人立足于世最大的资本就是他的教养，其他任何事物都不能代替。

洛克曾说："在缺乏教养的人身上，勇敢就会成为粗暴，学识就会成为迂腐，机智就会成为逗趣，质朴就会成为粗鲁，温厚就会成为谄媚。"也就是说，如果一个人没有教养，他所拥有的一切良好品质都会变质，拥有的一切资本都会贬值，因此最贵不过教养。

金钱可以买回一时的谄媚，但是教养可以让我们赢得别人发自内心的尊重。有些人喜欢在餐厅高声喧哗，认为自己是花钱消费就可以为所欲为。这个时候，高档餐厅不仅不能衬托出他的品位，反而更加凸显他的无知粗俗。施舍穷人的时候，百元不嫌多，一元不嫌少，都是善心，这时施舍的行为态度就很能表现一个人的教养。是将钱轻轻放入钱盒，还是随手一丢听个响，收到惠赠的人对你的感激一定是不同的。

有教养的行为可以使人散发人格魅力，在与别人的交往中往往能获得良好印象，无形中为自己增加了许多机会和潜在的社会资源，从而创造了一种有助于持续发展的良好人际环境。当我们获得了别人更多的认同和爱后，自然而然也会形成更强的自信心，并收获产生更多爱的能力。这样就形成了一个正循环，使自己变得更加善良温柔。

我们每个人都想追求更强的能力、更高的社会地位以及更好的生活品质，因为这些能够让我们获得极大的成就感、满足感，能让我们内心丰盈，人生之路能够走得更远。但是，无论是能力、社会地位还是品质生活，如果没有教养做支撑，都会显得空洞乏味、名不副实。没有教养的能力会恶化我们的人际关系，不再是我们行走社会、攀登人生顶峰的通行证；社会地位和教养不相符，只会使我们沦为笑柄；没有教养的品质生活会流俗于鸡毛蒜皮或者相互攀比，既谈不上品位又谈不上质量。没有教养的支撑，再高的地基也撑不住我们的未来。

> 教养是一种发自内心的温柔，外在的都叫作礼仪。外在的礼仪容易学习，内心的温柔不易获得。

教养是一种以约束自己为前提的高贵,一种能设身处地为别人着想的善良。

教养不是天生的,是可以后天培养的;并非一蹴而就,而是经过长时间人和事物的熏陶,通过自身的自律精神将好的行为习惯、思想融入骨血,久而久之自内而外、脱胎换骨、自然而然散发出的高贵气质。

多读书、读好书是提升气质、提高教养的必经之路,真正决定一个人气质和教养的是他的思想。林清玄在《生命的化妆》一文写过这样一句话:"三流的化妆是脸上的化妆,二流的化妆是精神的化妆,一流的化妆是生命的化妆。"所谓"生命的化妆"即通过读书不断地充实自己的内在涵养,改变并提升自己的思想境界,成为一个灵魂有香气的人。真正的高贵,不是外表的高贵,而是灵魂的高贵。读书,是我们提升灵魂品质最直接也是最有效的途径。

灵魂和身体总有一个要在路上,读书使我们灵魂充实,那么旅行就是充实身体,增长知识,增加内涵,提升教养。人处于陌生环境时,身心都会处于兴奋敏感的状态,对美的事物的观察力、感知力、学习力都会大大增加,这是我们改变自我的最好时机。而且,不同地不同俗,处于异国他乡的我们在感受了不同文化的冲击后,往往能够打开视野、开阔心胸,进一步学会悦纳不同、尊重不同。有人说,真正令人折服的气质,不是处在人生巅峰时的雍容华贵,而是参透人生后的从容淡定。如果我们的人生并没有那么多跌宕起伏,我们不妨不断延伸脚下的路,见多识广后自然修得淡定从容的气质。

教养是我们拥有的最宝贵的东西,因为它决定了我们生活的底线。一个人可以貌不出众,可以平淡无奇,可以资质驽钝,但绝不可以没有教养。因为教养是门槛最低的高贵,是伴随一生的无言财富。

> 真正有教养的人,不轻易指责别人没教养。己所不欲勿施于人,有教养的人懂得设身处地地为他人着想。不强求他人,严于律己,宽以待人。

容颜易老,教养却不会

容颜易老,但岁月败掉的只是美人的皮相,
美人的风骨已经生根,
善良与高贵的教养,
是不老不灭的灵魂。

年轻时,我们觉得美好的容颜就是漂亮的脸蛋、英俊的面孔;当时光流逝,年轻的眼角爬上皱纹,额前须发渐渐消失,我们才慢慢认识到,外表的美丽终会被时间带走,再多的粉底,再好的发蜡都遮不住岁月的痕迹。

二十年后的街头,你不一定认得出那皱纹深锁,匆匆走过的人,是你初恋洋溢着青春美好的姑娘;也一定认不出那挺着肚子,头发稀少的中年男人,是你暗恋过篮球场上奔跑的那个少年。但当你们再次坐在一起,你穿着简单但干净整洁,笑容恬淡,他为你推开楼下的门,你轻声说着谢谢;你们一起等所有人都进去再走进电梯;他等你坐下,礼貌的叫来服务员,双手接过端来的咖啡给你,你们同时说着谢谢。你们说着过去美好的时光,他说着这些年的经历,经商的不顺,但没有抱怨,更多的是听你说现在的生活。

> "有些老人显得很可爱,因为他们的作风优雅而美。拉丁谚语说过:'晚秋的景色是最美好的'。而尽管有的年轻人具有美貌,却由于缺乏优美的修养而不配得到赞美。"

你说着现在的爱人和可爱的孩子，忙碌琐碎但温馨的生活。走前，你们收拾好桌面，喝过的咖啡、用过的碗筷都收拾好，对门口的店员道声谢谢，然后离开。你们都无比确定，他还是你曾暗恋的那个阳光少年，她还是你喜欢过的那个美好的姑娘。

岁月不曾带走什么，她的皱纹，他的啤酒肚，曾经的容颜不再了，但她还是她，善解人意、细心得体；他也还是他，绅士礼貌、阳光乐观。这些内在的美好都还在。

想象着，二十年后，她穿着时尚，妆容得体，美丽不减；他西装笔挺，身材健壮，帅气依旧。再次相遇，他推门而进，挤进电梯，大声叫来服务员。她抱怨餐厅人太多，等的时间太长；他说着客户有多难缠，投资的股票走势有多好。吃完东西，你们转身就走。纵使，外表都还是美好的样子，但那份美好还在吗？

前几天，听朋友说了他们公司面试总裁助理的事。应聘者小娜和珊，小娜二十六岁，容貌美丽、身材窈窕，并在助理这行做了两三年。珊已经三十八岁，脸上已经有皱纹显现，之前是一家小旅店的经理。小娜在年龄和外貌上绝对优于珊，她本身也信心满满，大家都认为获得职位的会是小娜，但出乎意料的是，留下来的人竟是珊，而不是年轻貌美的小娜。

大家都很不理解，朋友做出了解释。他说，小娜固然年轻漂亮，但她的言谈举止傲慢轻率，不懂礼仪，在面试期间不停地搔首弄姿，回答问题的时候目光游离，双脚不停地抖动，身子也是歪坐在椅子上。她甚至自恃年轻美貌，不把我们的问题放在眼里，好几次不正面回答我们的问题。再反观珊，尽管她已经不再年轻，相貌也不是很出众，但她举止干练优雅，目光柔和而坚定，头脑清晰，思维敏捷，谈吐得体，浑身散发着一种令人非常舒服的气质。尤其是当我们抛出一个令人非常尴尬的问题时，她依然那么冷静，丝毫没有慌乱，回答得相当巧妙，既不让我们失了面子，也维护了自己的尊严。这正是总裁需要的助理。所以，我们果断地否决了小娜，而留下了珊。

朋友说得对，年轻漂亮并不是战无不胜的资本。的确，人们在看第一眼时，都会喜欢貌美的人，相貌出众的女人会比相貌平平的女人更容易获得好感。但一个女人的美并不仅仅是表现在她的容貌上，在接下来的相处中，人们更看重的是她待人接物的方式是否得体，是否让人感觉舒服，是否进退得宜。如果没有这些内在的修养，再美的容貌也不会被人欣赏。

所以，女人不仅是要精于修饰自己的外表，达到外在美，更要修炼自己的内在美。而且，这种"修炼"要伴随女人的一生，不随时间而改变，年龄越大，你的气质越如陈年的美酒，令人迷醉。

"一个人四十岁之前的容貌是父母决定的，而四十岁之后的容貌就是由自己决定的。"这说的是"境由心造，相由心生"。一个人的先天容貌是父母给予的，不易改变。但在后天的磨炼与成长中，你的容貌会渐渐随着阅历的丰富、知识的增长、修养的提高等向更好的方向转变。你不再年轻，但你亲切自然，气质高雅，它会取代美貌更受到人们的尊重和青睐。

> 美貌会随时光而逝，教养却会让人永铭于心。真正迷人的女人不是靠脸，而是靠教养和内涵，有教养的女人不会随着岁月流逝而渐失光泽，而会愈发耀眼迷人。

高学历并不代表你有教养

一个人可以读万卷书,
但他依旧是没有教养的。
就像一个人肠胃不好,
拼命吃东西也无法吸收。

读过的书,取得的学历,并不代表一个人的教养。发自内心地尊重别人,懂得把控自己,待人接物落落大方,不失态、不做作,对自己自律,即显示了你的教养,也是对人生最大的自由。

小B是名校毕业的高才生，学识渊博，相貌出众，从海外留学归来，是大家公认的读书多、有才华、阅历丰富、能力出众的潜力男。

某次朋友组织聚会，我想要借机认识这位潜力男，便决定去参加。走到走廊尽头，正巧碰到小B在打电话订饭店。

"喂，是××饭店吗？我们今晚要订一个大包间。"挂断电话后，他又继续拨号，打给另外一个饭店："喂，是××饭店吗……"

我有些奇怪，等他打完几个电话后忍不住问他："怎么，前几个饭店都没位置了吗？"

他愣了一下，笑着回答："都有位置，我就是想多订几家，反正订位不花钱。多订几家，可以做些比较，而且这样不管我们临时想去哪家都没问题。"

徒有教育，是构不成教养的。
教育和修养，加到一起，才是教养。
书读得多，是构不成教养的。
知识和美德，放到一起，才是教养。

后来我们去了朋友推荐的一家饭店吃饭，他正好坐我旁边，进去的时候先开门，等大家都进去才走，帮我拉椅子，给我夹菜，表现得彬彬有礼。在饭桌上，也幽默风趣，谈吐不凡。但当我问道，"你订的那些饭店退了吗？""没必要再打电话了，他们开门做生意，能订也就能不来啦！"他说话的时候带笑的脸很好看，但我和他再无话说。

从此以后我认为此人不可深交，再无过多来往。

有趣的是，当年大家都看好的潜力男后来前途平平，似乎一直在走下坡路，情场和职场都不尽如人意。

从他当年订餐馆这件小事上便可以看出，小B虽然读了不少书，也算是大家公认的高才生，但是却缺乏最基本的教养，缺乏对他人的同理心。他只是觉得在多家订位既不花钱又可以给自己行方便，却不考虑店家可能受到的损失，甚至还会造成一些人想订位却订不到。这个行为是非常自私的。见微知著，在对待朋友、爱人、同事甚至未来的客户时，他也可能为了自己的利益而毫不犹豫地伤害别人。所以即使他读研读博，文凭一大把，也不会被人所欣赏。

朋友的儿子今年才上四年级，但是却已经学会了两门语言，学校的每门功课次次都是100分。除此之外，他还会弹钢琴、画画，读过上百本书，天文地理、诗词古文都涉及，是我们大家都羡慕的小天才。

某日我和朋友约好，去她家里"取经"，学习一两招她的育子之道。刚走进朋友家里，便被客厅沙发上、地板上到处乱放着的书惊呆了。"别看他年纪小，已经读了有上百本书了呢！"妈妈有些自豪地说道。

走进孩子房间时，孩子正在写作业。看到我们，抬头看了一眼，便又继续低头写。妈妈让孩子喊人，孩子又抬头看了我们一眼，有些不耐烦地跟妈妈说道："烦不烦呀，没看我在写作业吗，出去。"妈妈看到孩子的神情，略带尴尬地说，"好的好的，乖乖，我们不打扰你啦。"连忙拉上我走出孩子的房间。

我们坐在客厅里聊天，没过一会儿，孩子便喊道："妈妈，这本书做完了，你把我的那本书给我拿进来。"妈妈像得到了命令般，赶快起身，给孩子把需要的书送去房间。

看到这里，我有些诧异地问道："他生活中的所有事情你都会帮他做吗？"朋友有些无奈，但是又有一丝自豪地说："孩子现在的学习任务比较重，所以能帮他减轻一些负担的事，我就帮他做啦。"

到了吃饭时间，朋友做了几个看起来很美味的菜。喊了几次，孩子终于出来吃饭了。饭桌上，孩子一上来就端起妈妈给他盛好的饭，把喜欢的菜端到自己面前，嘴巴趴在盘子上，狼吞虎咽地吃起来。看到这样的情景，我不知道为什么一下子失去了胃口，甚至忘了过来拜访的目的。

孩子吃完饭，直接丢下碗筷走了，朋友还在后边说着，"多吃一点，怎么就走了。"孩子没应一声就回房了，"啪"的一声关上了门。朋友没有生气的意思，很自豪地开始和我滔滔不绝地讲述孩子钢琴过了六级，奥数比赛拿了一等奖，作文比赛获得了省级奖项，最近在读……后面的话我完全没在听。

从此，我对培养"小天才"没有了任何憧憬。"天才"固然值得骄傲，但是一个随意支使家长，不尊重客人，眼里没有其他人的"天才"，只是个没有教养，讨人厌的"熊孩子"。会读书并不是一个人没礼貌的原因和理由；同样，会读书也不代表一个人有教养。

我们之所以期待孩子变成"小天才"，是希望他比别人更优秀，成长为真正的人才。但与其要一个教养残缺的"天才"，我宁愿要一个有教养、懂礼貌的普通孩子。咪蒙有句话很经典："熊孩子绝对不会自动变好，只会顺利成长为熊大人。"如果父母们一味追求孩子的技能培养，而缺少对孩子教养方面的教育，孩子长大后终会因教养的缺失而错失机会，就和上文的小 B 一样，徒有知识，缺乏做人最基本的教养，在激烈的竞争中只会被逐渐淘汰。

有些人通过学习知识改变了自己的外在气质，使自己看起来见多识广，谈吐不凡，但并没有关注内心，提升自我。读书的最终目的是明理，道理可以从书本上知道，但身体力行又是更高的境界了。不懂这些，读再多的书，取得再高的学历也是枉然。

> 真正的教养是有宽容他人的涵养，有不盲从他人的理性，有感同身受的慈悲，有平等相待的尊重。

别让你的教养给颜值拉分

契诃夫

要是你头脑里没有教养和智慧，
那你哪怕是美男子，
也还是一钱不值。

美好的东西，总是特别能吸引别人的目光，在这个"看脸"的年代，我们常常说，颜值决定一切。的确，颜值高的人经常会在生活中无形获得一些便利。漂亮可爱的小朋友更招人喜欢，犯了一点小错误，大家也不会计较；颜值高的姑娘，更容易被世界温柔以待，乐于助人的、温柔绅士的人都总会遇到。这是颜值带来的第一印象，但也只是第一印象而已。我们有时会看到妆容精致、颜值美好的姑娘对打扫卫生的阿姨骂骂咧咧，有时会看到阳光帅气的男孩指着流浪汉嘲笑，有时会看到雍容典雅的妇人旁若无人般插队。看到这些，再高的颜值，也没了看第二眼的冲动。相反，一些相貌普通的人，若懂得为他人着想，则会让人感到舒服，有想与之交往的冲动。

我的大学同学小A和另一个认识的女士，就像是这两种情景。

小A是大家公认的气质美女，和她相处过的人，没有人说过她不好。我一直很好奇，为何她会得到这样的称号。因为在我看来，客观地说，A的长相一般，只能说看了让人觉得舒服，没有攻击性，但也并不能算是真正的美女。

一次和同学聊到这个话题，问起她这个称号得来的缘由，同学告诉我，你有机会和她相处的话，你就会知道为什么。

机缘巧合，一次院里的志愿者活动，我恰巧和小A分到了一个组，这给我提供了观察她的机会。

刚和别人见面的时候，小A很热情地做了自我介绍，然后礼貌性地对对方表示了关注，并询问了一些问题；问题问得恰到好处，没有让人觉得过分热情不舒服。活动中，小

A面带微笑，精神饱满地回答每一个人的提问。一上午的引导工作结束后，大家都感觉累瘫了，哈欠叹气连天，只有小A脸上没有任何不耐烦的表情，仿佛所有的疲劳都不存在似的。

到了午饭时间去餐馆点餐时，她耐心地询问每个人的喜好和忌口；每当大家需要服务时，她不是大声叫喊服务员，而是轻轻走到他们跟前，告诉他们我们这一桌需要的服务。吃饭的大多数时间她都保持安静，吃相良好；大家聊天的时候她抬头微笑着注视大家，偶尔回应几句。吃完饭后，她把自己的餐具摆好；离开时，把椅子放回原位。这一系列的细节不得不让人感叹她的良好教养。

> 若言年轻时候的美是出水芙蓉，天然去雕饰；那么30岁以后的美就是红颜于外，香韵于内的风情万种。这种美不是能单靠化妆品靠名牌服饰堆砌出来的，内在修养不足，精致的外表只是一具空壳，毫无味道。

我终于明白为什么大家都称她为气质美女了,她的教养就像一股清风一样,吹拂过大家的内心,使人觉得柔和舒服。同样,她的教养也显现在了她的气质容颜中,使得她看起来格外美丽。

我还认识这样一位女士,她是个极其漂亮的女子,瓜子脸、大眼睛、鼻梁高挺,又有婀娜多姿的身材,走到哪里都是焦点。她在一家酒庄工作,每天品酒、售酒,和一些身份尊贵、来历不凡的人打交道,因此她格外注重自己的仪表,衣着用品都很讲究,举止间有种贵族般的优雅气息。她靠着这些订单生活,自然对客户热情周到,交谈时笑容都能溢出蜜来。

一次,她受到邀约参加一场酒会。为了结交更多的客户,她特意定制了一套做工精美的礼服。由于她是这家店的老主顾,礼服做好后,店主就让店员亲自送到她家里。没想到的是,原本晴朗的天气突然乌云密布,店员刚到她住的小区,就迎来了一场瓢泼大雨。

店员冒着大雨跑进楼层,全身湿淋淋的,礼服的包装盒受了雨也有些变形,不过礼服并没有受到影响。原本以为她至少会感谢一下店员冒雨送衣,可没想到,她见到变形的礼盒后顿时大怒,吼道:"为什么要让我的礼服受雨?你不知道会返潮吗？"店员再三解释，可她却不依不饶，把他痛骂一顿，收下礼服就"啪"的一声关上了门，甚至连张纸巾都没有给店员，让他擦擦身上的雨水。

这家私人定制店的店主是个极其讲究、注重涵养的人，听到店员这么说，当即将礼服的钱退还给她，并让她退还礼服。还请店员转告："我们只为懂得尊重他人的人服务。"她听了这话气得不行，愤怒地把衣服摔到店员身上，气呼呼地走了。从此这家店不再接她的生意。不仅如此，这件事传出去之后，别人对她的印象也是一落千丈。任谁都不会想到，这样一个甜美、聪明的女子，却有两张大相径庭的面孔。

教养能够提升一个人的气质；同时，缺乏教养也会给一个人的颜值拉分。一个人的高贵不在于他的职业或财富，而在于他是否拥有一颗高尚的心。就好像上面那位女士一样，即便拥有天使的面庞，人们也无法忽视她粗鄙不堪的行为。

社会上我们会接触到形形色色的人，不能因为对方的身份、权势，就俯首帖耳、谄媚逢迎；也不能利用自己的权力擅自欺辱他人。因为每一个人，都不曾低人一等。真正有教养的人，不会用自以为是的优势去过分苛责别人，侮辱别人，因为他深知，所有的教养都刻画在自己的行为上，会影响到自己长久的容颜。

无论我们用多少外在的修饰去美化自己的颜值，让外表看起来赏心悦目，只要教养这块遮羞布被轻轻地扯下来，所有的修饰瞬间都成了笑话，你的粗鄙不堪会暴露于大家眼前。

> 教养是一个人骨子里散发出来的最佳魅力，它比外表更迷人。有教养的人，就如一股清风，让自己舒服，也让别人感觉到舒服。

奢华遍地，而优雅难觅

奢华和教养的分界点在哪？
一个向外——求胜；一个向内——求安。
无时无刻不在和他人相比，自然就倾慕奢华。
无时无刻不在要求自己进步，自然就有了教养。

奢华可以由金钱堆砌而成，但是优雅却自骨子里发出。

有一次跟团去日本旅游，最后一晚住在离关西机场不远的一家高级酒店。领队突然通知，酒店提供托运服务。我赶忙打包完行李，拖着两个沉重的箱子穿着酒店提供的睡衣、拖鞋就走出房门在过道等电梯，发现很多人用怪异的眼神看着我，心里有点莫名其妙，直到电梯门打开我才知道是怎么回事。

电梯里的工作人员面带微笑，用日本腔的英语，非常真诚有礼貌地告诉我不能穿睡衣、拖鞋进入酒店大堂，还怕我听不懂，指了指我脚上的拖鞋，一边急速摆手。这让我感到尴尬又为难。我住的房间是这一层离电梯最远的，我实在不想再拖着行李回去了。工作人员看出了我的不情愿，看了看我的房卡，非常耐心地问我是否需要她帮忙把行李带下去。我只好勉强同意，急匆匆地回去换衣服和鞋。

等我奔到酒店大堂，那个工作人员还守在电梯门口。见到我先验了我的房卡，又反复向我鞠躬道歉，说麻烦我这样跑了一趟。我瞬时感到无地自容，只好一个劲儿地向人家鞠躬道谢，除了为他们周全到位的服务，更为他们用自己谦逊而坚定的态度告诉我，无论在何时何地，都要保持优雅。

> 优雅不分时间、不分场合，时刻保持自己的良好形象，既是对他人，也是对自己的尊重。

提到优雅,我们都会想到奥黛丽·赫本。不仅因为她惊为天人的面孔,更因为她举手投足练就的优雅温柔。她时尚的风格、优雅的着装,影响至今。现在"赫本头""赫本装",也是大家争相模仿的典范。其实,赫本的服饰并不华贵,但却是得体的。这种得体一方面与她的气质相称,另一方面也符合场合和氛围。一个女人,将气质作为自己的衣裳,任何搭配都成了配角。

赫本的优雅除了体现在外表仪态上,还体现在她发自内心的善良。作为联合国儿童基金会的亲善大使,赫本为帮助拉丁美洲和非洲的孩子们,亲赴不少国家和地区,为孩子们呐喊、呼吁和募捐。联合国在总部为她树立起一座塑像,并命名为"奥黛丽精神"。她的优雅从内而外,相较于她的品性、气质,她的容貌不值一提。她对工作尽责勤恳,两度获得奥斯卡最佳导演奖的比利·怀尔德曾言,赫本身上呈现的是一些消逝已久的品质,如高贵、优雅等。"连上帝都愿意亲吻她的脸颊,她就是这样一个讨人喜欢的人。"

《罗马假日》的男主角格利高里·派克曾深情回忆赫本:"她绝对是个好心肠的人,她的天性让她从不会刻薄别人或对人小气。她的个性很好,所有的人都喜欢她这一点。在演艺圈,暗箭伤人、贪心小气或是说人闲话是很常见的行为,但她却绝不会这么做。我很喜欢她,事实上,我爱她。像她这样的人，你很难不爱上她的。"

在这个人人追逐物质的年代，如果我们还只是炭炭追求物质，而不关注内在的精神需求，那就完全谈不上品质生活，而只是流于庸俗。只有内心高尚、富有教养的人，举手投足间才能尽显优雅。

梁文道先生曾在《奢华与教养》里写下这样的一段话："就以一双手工定制的皮鞋来说吧，它是很贵，但它可以穿上一二十年，这里头的学问不是它本身的质量，而是你穿它、用它的态度。

首先，你会珍惜它，所以走路的姿势是端正的，不会在街上看见什么都随便踢一脚。其次，你愿意花点时间和心思去护理它，平常回家脱下来不忘为它拂尘拭灰，周末则悠悠闲闲地替它抹油补色，权当一种调剂身心的休息活动。所以这双鞋能够穿得久，十几年后，它略显老态，但不腐旧，看得出是经过了不错的照料，也看得出其主人对它的爱惜。这叫作绅士。

绅士不一定喜欢昂贵的身外物，但一定不随便花钱，朝秦暮楚。他的品位不在于他买了什么，而在于他的生活风格甚至为人；他拥有的物质不能说明他，他拥有物质的方式才能道出他是个怎么样的人。"

奢华的物质不能说明品位、修养，但对物质、对生活的态度却能。真正有教养的人，不做物质的奴隶，不需要奢华的装饰，就能将优雅融入骨子里。

一个人美丽与否，与个人欣赏眼光有关，但一个人是不是优雅，有没有教养，都体现在了他的言谈举止中。优雅、有教养的人，奢华的点缀已经不再重要，因为拥有了教养，你的内心就会变得高尚，你自己就是一件无与伦比的奢侈品。

> 外表和金钱，可能随着时间的流逝而慢慢缩水。但优雅和教养，是到老都不会贬值的资本。

你可以穷，但不要让自己廉价

一个人的教养，
与贫富家境无关，
同你的家教家风有关。

也许你现在还在为工作而忙碌，为未来而迷茫；也许你在努力奋斗让自己过上更好的生活，也许你现在的经济能力只能解决日常花销。上班挤着地铁，买衣服前算着自己的工资，月中为房租犯愁。是啊，奋斗中的我们穷得可以，但我们的衬衫永远干净整洁、屋子收拾得温馨舒适、工作认真努力，不攀附，不抱怨，不卑不亢。我们现在没有钱，但又能怎样，我们依旧活得精彩。

一个有教养的人，无论对待何人何事都能拥有一颗平常心，不谄媚，不忘形。

有个朋友在做典当生意，前不久店里新招了一名伙计。小伙子是名大专生，听说家里不太富裕，所以趁着暑假打打零工。他性格爽朗，学东西快，做事也是井井有条；半个多月后，朋友就让他和店员轮班看店。

一个月后，店员突然告诉朋友，柜上丢了一枚金戒指。虽然克数不大，可到底也是好几百块钱的东西。朋友听了这话，立马询问店员昨天是谁值班。店员说，锁门的人是新来的小伙子。想到他家境不好，又是最后一个锁门的人，朋友理所当然地觉得他的嫌疑最大，于是气冲冲地问他，为什么要偷店里的东西。

小伙子回答得不卑不亢："我家里虽然不富裕，但我能自食其力，不会做那些偷鸡摸狗的事。"尽管如此，朋友心里还是十分怀疑，当天一直悄悄观察他。小伙子自尊心强，下班后就和几个店员在店里展开了地毯式的搜索。他说，无论如何也得把戒指找到，自己不能这样受人冤枉。然而当天并没有什么结果。

接下来的两天里，朋友不仅觉得他说空话，更加深了对他的怀疑。可在第三天早上，朋友刚到店里，那名店员就主动向大家认错。原来那枚戒指没丢，而是那天店里生意太好，他把那枚戒指收错了盒子。朋友说，他原以为小伙子会责怪那名店员，甚至责怪自己冤枉他。但小伙子一句话都没说，还是一如既往地干活。只是从那以后，每次下班关门前，他都清点好东西，检查完物品后才关门离开。

看一个人的教养，重点看他待人待己的态度。就像这个小伙子，虽然他家境不好，但并没因此自怨自艾，看轻自己；自己被人误会时，他也没有埋怨误会他的人，大度地谅解了这件事并从中发现管理漏洞，加以改善。这就是一个人骨子里的教养、气度。

一个人如何对待自己，很大程度上决定了他如何看待别人和这个世界。要想收获别人的赞誉，首先要懂得尊重自己。一个人的品质与富贵、贫穷并没有关系，你的谈吐、行为说明了一切。

> 教养跟穷富无关，飞欧洲的头等舱上也有没教养的行为，生活拮据的人们也知道礼义廉耻。

见过一个朋友家的孩子,朋友是从农村来的,刚在城市定居下来,每月都要还房贷,经济挺紧张的,但是我每次见到他的孩子,都被他的良好教养打动。每次都会彬彬有礼,见面问好,大家一起带孩子出去时,也从来没有见过朋友家孩子吵闹过。也许朋友没有给自己的孩子一出生就提供很好的物质条件,也许朋友没有很多钱,但是他的孩子却是我见过的最有教养的孩子。

一个人的教养,跟穷富家境无关,跟一个人是否有能体谅和照顾他人的素养有关。有教养的人,即使贫穷,但谦逊而不谦卑。社会上存在一些人打着穷的旗号占别人便宜的。这种人,好似全世界都欠了他的,他的穷是别人造成的,所以要还回来。他们肆无忌惮地占着便宜,如果别人不让占或者他占少了,他反而成了有理的一方振振有词地骂你。这不是穷,而是没教养。

以前有个同事小D,成天跟我们抱怨房租高、吃饭贵。开始你听着还挺同情她,觉得一个女孩子在异地奋斗不容易。可转眼她就借着你的同情心开始占你的小便宜,时间久了你所有的同情都变成了痛恨。

中午几个人一起订饭,除了方便外,还可以分摊送餐费,这是常识。但是小D就能打着"穷"的旗号只付饭费,从不付送餐费。每次她自己网购，如果凑不够单免运费，她一定会强迫你也买一件你并不需要的东西帮她凑单。更有甚者，有一次我准备利用假期出国旅游，我本来都没敢告诉她，唯恐她让我帮忙带东西。可是不知道她从哪听说了我要出国的事，竟然给我甩过来一张大单子，上面记满了她想让我帮忙代购的东西，看得我心头火起，勉强平静了一下心情问她："你不是最近嚷嚷着没钱吗，怎么还买这么多东西？"小D翻了个白眼说："只许你们有钱人买东西，就不许我买点日用品了？"我看单子上那些化妆品每个后面都乘5乘10的，我说："你用得了这么多吗？"她满不在乎地说："当然不是我一个人用啊，我自己留一个就行了，其余转手卖出去就好了。不过事先说好，你可不能给我加价，我手头实在紧，就指着这点进项呢。"看她说得理直气壮的样子，好像我不费时费力帮她原价代购，就做了什么天大的错事似的。这次我实在忍不了了，直接说："我时间紧，没时间搞代购，也没钱买这么多化妆品带回来，你找别人吧。"

从此我俩关系掰了不说，她还到处说我不够朋友。虽然如此，少了这样一个喜欢占便宜的朋友，我心里反而轻松了很多。

我们都可能经历贫穷的时光，但不要妄自菲薄，不要自卑，更不能以穷为借口要求别人为我们做什么，尊重自己，自立自强。教养与穷富无关,无论贫富,我们都要注意自己的内在品行和待人方式,保持一颗顾他之心。

> 穷是一种状态,没关系,这只是暂时的。你可以通过学习和不断上进让自己摆脱贫穷的状态。但是廉价是一种心态,一旦被打上烙印,将很难改变。

愿你的教养能撑得起你的才华

波伊斯

任何人，不论多么博学，
只要他的学问和他的生活之间
还存在着一段不可架梁的距离，
就都称不上是有教养的人。

这个世界是公平的，才没有怀才不遇这件事，这个社会不会辜负一个有才华又有教养的人。你觉得你没有过上你想要的生活，而恰恰是你的能力只配得上这样的生活。有的人，有才华又努力，但就是生活得不如意，当我们在感慨生不逢时，怀才不遇时，殊不知让我们输在了起跑线上的不是才华，而是教养。

司马光在《资治通鉴》里分析智伯无德而亡时写道:"才德全尽谓之圣人,才德兼亡谓之愚人,德胜才谓之君子,才胜德谓之小人。凡取人之术,苟不得圣人、君子而与之,与其得小人,不若得愚人。何则?君子挟才以为善,小人挟才以为恶。挟才以为善者,善无不至矣;挟才以为恶者,恶亦无不至矣。"无德无才,是谓愚人;有才无德,是谓小人,小人会利用才华做恶事,与其那样,还不如没有才华的愚人。你的德行配得上你的才华,才是君子,你的教养都体现在了你的德行上,没有教养的才华,我们宁愿不要。

半年前,有个朋友在聊天中跟我说了一件让她颇为苦恼的事。简单来说就是有个薪水丰厚、福利待遇更好的工作等待着她,就看她愿不愿意去。我很惊讶,反问:"这还有什么可犹豫的呢?当、然、要、去、啊!"

朋友沉默了一会儿,说:"我在现在这家公司刚刚升职,老板也很器重我。我能成长到现在这个水平,积攒这么多关系人脉,真的离不开现在老板的栽培。我说这话并非恭维,他对我来说可谓亦师亦友。"

接着她又跟我讲了她刚进这个公司的时候,对现在的工作领域完全不熟悉,公司不仅派经验丰富的前辈带她,更出钱让她去深造进修。有机会，前辈和老板还会带她见各种客户，帮她挖掘人脉、制造机会。她有今天的成绩，固然是自己的努力所得，但与公司有这样人性化的人才培养制度也是分不开的。况且，她在这个公司做了六年，感情已经非常深厚了。

我虽然明白她心里的矛盾、为难，但这是多好的机会啊。她现在的工作固然不错，但是一旦选择跳槽，就可以完成人生的三级跳啊；成为实权副总不说，薪水翻倍。这是多大的诱惑。于是我不由劝她道："人一生机会就那么几次，一旦错过这班列车，下一趟就不知道什么时候才能搭上了。不要让一时的情感耽误了自己的前途。"

过了几天，她给我发了条信息，说还是决定留在现在这家公司继续发展。我有些不理解，问她是怎么想的。她说："我现在跳槽，固然可以马上薪水翻倍，并且获得其他很多好处。但我始终会良心不安。如果因为我的离开给现在的公司造成损失，那么我就成了一个忘恩负义的人，以后在业界的名声也不会很好。况且现在的公司平台和制度都很好，我想凭着我和其他公司同仁的努力，一定能创造更大更好的平台。这让我更安心。"

看了她的答复，我也觉得自己之前的想法的确太过急功近利了。得到公司栽培后就跳槽，未免太不厚道，毕竟没有一家公司愿意做发工资的人才培训机构。抓住机会固然重要，但是为了一时的利益就丢掉自己做人的底线，实在是得不偿失。况且，做人最重要的是不忘本，常怀一颗感恩的心，懂得回报而不是一味地索取。只有这样，我们的内心才是笃定的。而且懂得回报的人总能得到别人更多的帮助，从长远看也能为自己未来的发展积累更多的潜在资源。虽然说人才哪里都需要，但是一个品性低下的人才又有哪里敢要呢？

一个人的品性是立身处世的基本，我们都愿意和人品好的人相处，无论是工作伙伴还是朋友、爱人，品行始终是第一位的。但社会中，利益就像一面镜子，将人性固有的弱点，如贪婪、自私、目光短浅、急功近利等暴露无遗，并无限放大，使善良隐匿，责任感丧失。在利益面前，要注意品性的修养，不因一时的利益丢失本性。

> 我会让你喜欢我，始于颜值，陷于才华，忠于人品。

另一个朋友跟我讲到他们公司新来了一批实习生，个个都是名牌大学研究生学历，有些人的父辈甚至就是公司的中高层，颇有背景。也因此，实习生们心理上很有优越感，瞧不起比他们学历低的老员工，更不愿意学习老员工们"墨守成规"的做事方法，一心想打破以往的规则，将自己在学校中学到的前沿理念运用到工作中。

当然，这本身并没有什么错，公司总需要新鲜血液的不断输入，才能不断地成长发展。但前提是新鲜血液能够和旧有的血液很好地融合，而不是相互排斥、相互抵触，否则只会事倍功半。实习生们由于心高气傲，在工作上完全不理会老员工们的那一套，而是把学校的理论照搬到工作中，结果在和合作方接洽时一再出现问题，延误了项目时间。而公司的老员工在帮实习生们处理了几次后续问题后，心里的怨念也越来越深，不愿意再指导实习生的工作。两方阵营裂痕越来越大，矛盾终于在一件小事上爆发。

有一次为了不使项目延期，领导让老员工和实习生两班轮换工作。当天实习生是白班，老员工是夜班；每个人中午和晚上的饭补都是45元。中午吃饭时，实习生们抱怨菜色不好，要加餐，但是中午的饭补已经用完了，他们浑不在意地用了老员工们晚上的饭补加餐，甚至都没有和老员工们打声招呼。结果这件小事就成了两大阵营矛盾爆发的导火索。老员工指责新员工完全不把他们放在眼里，新员工觉得老员工为了区区几十元小题大做。领导知道了这件事非常生气，一力将所有实习生全部开除。这件事在公司内部造成了轩然大波，但领导只说了一句话："这是品性问题，零包容。"

其实客观来看，这些实习生的学历、能力、资源背景在同龄人中都是佼佼者，如果真正成长成熟起来，一定能对公司未来的发展有很大的好处。但是他们恃才傲物，不懂得尊重他人，更不会为他人着想，只想着自己没有吃好，根本不想老员工晚上饿着肚子工作会怎么样。在侵犯了他人权益后不仅没有丝毫愧疚，反而觉得这是不值得在意的小事。这实在是非常自私自利的心态。要知道在人际交往的规则中最重要的一条是：你怎样待人，别人也怎样待你。实习生们不懂得尊重体谅老员工，老员工又凭什么真诚接纳实习生呢？

可以说实习生们输得非常彻底。他们成也才华，败也才华；才华是他们的价值与资本，但也使他们失去了平衡心，丢失了教养，最终成了导致他们跌倒的绊脚石。

诚如现代教育家陶行知先生所言："千教万教，教人求真；千学万学，学做真人。"所谓真人，即是"四真"之人：真诚做人，真心待人，真情处世，真实做事。我们普遍重视知识教育，却忽略了提升教养。"真人"不仅需要知识和才华，更需要美好的品质和德行。不管你拥有多高的学位，拥有多少才学，都请你记住：你的教养要配得上你的才华，只有这样才能成为"真正的人"。

一个人可以受过良好的教育，有出色的才华和能力，但他依然是没有教养的。就像一个人可以不停地吃东西，但他的肠胃不吸收，竹篮打水一场空，还是骨瘦如柴。教养不是天生的，是因教育而养成的优良品质和习惯，没有教养的支撑，再多的才华也撑不起我们的未来。

> 愿你的教养配得上你的才华，没有教养的才华，我们宁可不要。

从容的底气：要有接受挫折的勇气

挫折是一把打向坯料的锤，
打掉的是脆弱的铁屑，
锻成的是锋利的钢刀。

"世界上只有一种真正的英雄主义，那就是认清生活的真相之后，依然热爱生活。"

2016年，一位沉寂很久的歌手突然走红，同时包揽数个综艺节目，他的音乐也广受年轻朋友的喜爱。一般来说，风头正劲的歌手或演员应该是"小鲜肉",或是被某娱乐公司看重的"大咖",然而这位突然走红的歌手却是一家火锅店的老板,他就是薛之谦。

他是歌手,是火锅店的老板,也是网店的店主。他是曾经红极一时,又渐渐被人遗忘的歌手。为了音乐,薛之谦拼命赚钱,尝试各种各样的行业。他最先尝试的是开火锅店,当时东拼西凑才凑上了开店的资金。选店面、装修、菜品、定位他无不亲力亲为,就连请大厨也是三顾茅庐。店里特别忙的时候,他也会亲自上阵,做起服务生一点儿都不含糊。

那两年他辛苦积攒了十几万。换作别人可能会开始另一种新的生活,但是他始终没有忘记自己的初衷,将所有的钱拿去做音乐。后来他开始涉足服装行业,起先处处碰钉子,衣服质量有问题、顾客的差评能够直接使网店关闭。为了做出更好的成绩,他每件事都是亲力亲为。有一次,他发现卖出的衣服在清洗过后,裙边会缩短三厘米。他认为这件事是自己的问题,连忙给每一个客户打电话道歉,并承诺会再寄一条一模一样、没有质量问题的裙子。

"超越自然的奇迹,总是在对逆境的征服中出现的。"

这种坚持、诚信，使他的服装店经营得如鱼得水，让他能够再次走上音乐之路。后来，一首《演员》火遍大江南北，当年的网店店主成了炙手可热的歌手。他的坚持得到了回报，他又可以开始做一名歌手了。

人的一生中充满了成功与失败，逆境与顺境，幸福与不幸……面对挫折我们不能消极地回避，应该正视人生的挫折，勇敢地面对。在挫折面前，坚持本心，不丧失诚信，不丢掉目标，终将战胜挫折，逆转困境。

马云创业的故事，我们多多少少都曾听说过。马云第一次高考落榜后想去酒店做服务员，也梦想做警察，统统因为外貌被拒绝；他连续4次创业失败，最少时银行里只有200块钱；"非典"时期，阿里巴巴曾遭遇大规模隔离，差点崩溃……

马云创业的过程中，充满着挫折与艰辛，说这些并非老生常谈。我们可以说，这些励志的故事洗脑，世上能有几个马云，不能用个例的偶然因素，来教导大众都要那样。的确，马云的成功不能复制，但他面对挫折的勇气、不怕困难的精神值得我们学习，我们都不是马云，我们可能事业有成，也可能平平凡凡。但生活总不是一帆风顺，遇到挫折在所难免，挫折不可怕，可怕的是我们失去了接受挫折的勇气。

我很喜欢电影《当幸福来敲门》里男主角克里斯这个角色，因为其在一连串重大打击面前，不放弃，一次次在挫折面前站起的精神。也因为作为濒临破产的推销员的他，即使在人生最低谷时期也从未放弃教养。无论走到哪儿，他都会随身携带一套干净整洁的西装；即使穷得吃不起饭，也毫不吝惜为上司垫付罚款单；他想方设法去接近土豪金主，却永远保持不卑不亢的姿态……

因为克里斯总能展示出良好的教养，这种教养帮助他走出了人生的低谷，最终成功当上了股票经纪人。面对挫折，勇于接受，是人的基本修养；而在挫折中，注意自身形象，善良慷慨，不卑不亢才是真正有教养的体现。

面对挫折，自怨自艾，抱怨时运不济的有；因为一点小事，放弃目标的有；挫折面前迎难而上的有，越挫越勇的有。愿我们都是后者，从容面对挫折，在挫折中仍能保持教养。

> 人生就像荡秋千，有起就有落，起的时候，要有落的准备；落的时候，要有起的信心。教养既体现在深处高位时的从容，也体现在面对人生低谷时的坦然。

能正视别人的成功，才能真正成长

成功者未必有多好的天赋和运气，
但他们对自己要求更高，
也更用心地去待人待事，
所有的成功都不是偶然。

对于他人的成功，人们常有个惯性思维：都是一样的人，凭什么他得到那么多、过得那么好？一定是他运气格外好，或者走了歪门邪道。我们对成功人士常常抱有很大的误解和偏见，我们也常听到这样的话：他能有今天，还不是全靠他老爸；他全靠请客送礼拉关系，才坐上现在的职位；她不就是长得漂亮，要不能有今天；他运气特别好，赶上了风口，公司一下子就起来了……

我们总是把他人的成功归结于运气或认为其使用了不正当的手段，却很少会看到，那个传说中靠姿色上位的女人，说话做事滴水不漏，水平明显高人一筹；那个被认为走了狗屎运的老总，眼光精准出手果断，有非同一般的眼界和智慧。

C女士是圈子里的话题人物，据说她年轻漂亮，三十多岁已经当上了公司的总经理。她的传闻很多，但多半都是负面的，靠姿色上位啊，特别圆滑势力啊，父亲很有权势啊等等。所以我初见她时，不得不说是带有偏见的。但两个小时的饭局过后，我不由对她刮目相看。

C其实并没有传说中那么美艳动人，她个子不高，但穿着平底鞋，衣着有品位，但都是不张扬的素色，画着淡妆，优雅得体。

这次饭局，大部分人都是第一次和她见面，但开席敬酒，她逐个说出了在场每一位的名字，热情友善地对每一个人表达了关切和恰到好处的赞美，一番话说得妥帖、到位，听起来特别舒服。

> 偶然因素可能导致人的失败，
> 但成功，多半都不是偶然。

闲聊中谈到一些社会事件，她的见解也显然高人一筹，往往简单两句话就能说出事情的根本。但又丝毫没有卖弄之意，在别人表述自己的观点时，她更多是仔细倾听，适时点头表示赞同。

后来有个朋友说想邀请她参加一个活动。她大体问了情况，立刻决定要去，并提出了自己的建议，说我应该去做什么什么，这对咱们双方都更有意义。

到饭局结束，她逐一跟我们道别，连服务员都没有忽略，而且她跟每个人说的话都不一样，显得真诚而用心。

"说话做事滴水不漏，她的成功绝非偶然。"朋友后来这么评价C。我也为在还未见面，只因听了些不实的传闻，就对其抱有偏见，深感抱歉。

C说话做事果断利落、思路清晰，足见其工作水平之高。她仪态得体，能记住每个人的名字，并照顾到每个人的感受，对服务员也真诚礼貌。她的言谈举止，无不显示着其良好的修养。她的成功绝不是偶然。

我和我表哥同龄，我们从小一起长大，从学习成绩到毕业后的发展，总是相互比较。

表哥毕业后虽然进了一家大公司，但是他在职场上一直处于透明人的状态，整个人也没有表现出在大公司工作的自豪和成就。我毕业后虽然进了一家较小的公司，但是起薪远远高于表哥，我一直因此而骄傲自豪。

后来表哥因为偶然对一家小店做了投资，而一年后这家小店的生意竟然一路上升，表哥因此获得了丰厚的回报。他即使不工作，也可以凭借投资获得的分成而轻松地生活了。

因为这一偶然事件，表哥和我过上了完全不一样的生活。他不再为生活所迫而奔波忙碌于工作，而我不管成长了多少，工作上获得了怎样的成就感，总是为表哥能轻松获得舒适的生活而感到不平，总是羡慕他的运气那么好，天上掉馅饼。

后来在过年相聚的时候，表哥和我说了他看似容易的成功投资背后的不易。一年来他奔波于四处考察，全力帮助小店发展，在所有人都不看好的情况下近乎孤注一掷的投了资。那一刻，我终于明白了表哥成功的原因，从来没有天上掉馅饼的好运，所有成功的背后都包含着我们看不到的努力。

我们只是看到了别人的成功，却没有仔细想过别人为什么能成功，而是一味地把别人的成功归结于运气。

每个人的成长背后都有不易。而我们需要做的，就是去了解这些背后故事，理解别人的不易，活出自己的骄傲。理解他人，不羡慕，更不嫉妒，向他人学习，不断完善自身，才是一个有教养、有进取心的人。嫉妒别人的成功，不懂反思自己，是很难获得成功的。当我们在羡慕他人的成功、内心愤愤不平时，恰恰暴露了我们心胸的狭隘、教养的缺乏。当我们有了能正视别人的成功，虚心学习的修养，成功自然也就不会遥远。

一个人的成功与时间的早晚、年龄的大小、资历的深浅无关，更多与他的努力和自身的修养有关。当一个人懂得正视别人的成功，说明他已经真正成长。

曲解别人的成功，可能会让人获得一些心理安慰——我没成功，不是因为我没能力我懒，而是我运气不行，我没有一个有钱的老爸，我不会阿谀奉承，我不圆滑世故，我有做人的底线……然后我们就可以放任自己不努力、不提升、不改变，心安理得地待在自己的舒适区。

我们越是给别人的成功找偶然的借口，就越看不到别人成功的必然因素，看不到他人身上的优点。能发现别人身上的优点，需要谦逊、广阔的心胸，这体现了一个人的教养。有教养的人，能看到并承认别人的优秀和努力。

> 命是失败者的借口，运是成功者的谦辞。真正的勇士，应该敢于直面惨淡的人生，敢于正视别人的成功。

Part 2

有教养的人才会被欣赏：
有教养的生活，让你优雅而温柔

这种人才会被欣赏：温和而坚定地生活

一个人教养最重要的体现就是根植于内心的修养，
那些修养已经在你的体内生根发芽了，
你能时时刻刻感受到它的存在，
这已经变成了一种自然反应，就像呼吸一样。

真正强大的人，不会靠伪装来保护自己，他们自信知足、目标坚定、从容不迫，却不会给人强势的感觉。在这样的人身上，刚与柔并存。他们一方面意志坚定，十分清楚自己想要什么和不想要什么，不会因为他人的眼光而改变想法；一方面又内心柔软，友善地对待身边的每一个人，不争不抢，气定神闲地过自己喜欢的生活。这种温和坚定，是岁月、经历的磨砺，也是深层次教养的体现。

张幼仪，徐志摩的发妻，在嫁给徐志摩之前，也曾是知书达理的传统大家闺秀，可是却被思想新潮的徐志摩嫌弃并且最终抛弃。离婚后的张幼仪独自抚养两个孩子，之后又前往德国留学，一边工作一边学习。回顾那时的心理，她曾说："去德国以前，凡事都怕；到德国后，变得一无所惧。"

对徐志摩，我喜欢他的诗，欣赏他的才华，但关于他本人，所谓的"浪漫、热诚、痴心和执着"，我却不愿苟同。大概源于他对张幼仪的无情与残忍吧。"我是秋天的一把扇子，只用来驱赶吸血的蚊子。当蚊子咬伤月亮的时候，主人将扇子撕碎了。"张幼仪的这个比喻，充满了无限的辛酸。

与徐志摩离婚前的张幼仪是温和又端庄的，符合中国传统文化对女性的要求。她谨遵父母的教导，侍奉公婆，尽心教子，以夫为天。然而在那个西方思想冲击中国的年代，这样的想法显得守旧又落后。像中国无数传统的女子一样，她温和不争，事事忍让，甚至包容丈夫对自己的鄙夷，努力做一个勤俭持家的好妻子。但是那时的她却缺乏果敢和勇气，把生活的重心都放在丈夫身上，没有自己的方向，所以成了别人同情的对象。

去德国前,她大概是什么都怕,怕离婚,怕做错事,怕得不到丈夫的爱,委曲求全,可每每都受到伤害;去德国后,她遭遇了人生中最沉重的怆痛,与丈夫离婚,心爱的儿子死在他乡,人生最晦暗的时光,如一张大网,铺天盖地笼罩着她,一切都跌至谷底。

伤痛让人清醒,就在这时候,她忽然明白,人生中的任何事情,原来都只能依靠自己去做。别人的怜悯,搏不来美好的未来。离婚丧子之痛,让张幼仪一夜长大,羞怯少女转身成为铿锵玫瑰,就算风雨狂暴,她也无所畏惧,很快开创出了真正属于自己的精彩。

> 温和而坚定的力量并不是一帆风顺的人可以轻易拥有的。人总是要经历许多磨难,在挫折中不断成长之后才会明白,温和又坚定是对这个世界最好的态度,是最好教养的体现。

和徐志摩离婚后，张幼仪仿佛重生。她强迫自己从彷徨、恐惧中走出来，开始在德国学校学习新知识，又开始做投资。她眼光精准，很快就拥有了成功的事业；她的思想也开始发生变化，不再像以前那样懦弱、自卑。她逐渐成为一个自立、坚定的女人。

事业成功的张幼仪并没有怨恨徐志摩，在后来的岁月里，她时常照顾徐志摩的双亲；甚至在徐志摩去世后，接济徐志摩后来的妻子——生活已经落魄的陆小曼。

说实话，张幼仪并不是天生丽质，她也许没有林徽因的才貌兼备，也没有陆小曼的温柔多情，可是面对命运的磨难，她不怨天尤人，勇于接受，然后披荆斩棘，涅槃重生。她的大度、坚忍体现了她内心的良好修养，不计较，不抱怨，包容过去，温和而坚定地生活。

年过四十的"惊鸿仙子"俞飞鸿如今仍被公认为娱乐圈的气质美人，她的美不只来自外貌，更多源于她淡然却坚定的内心和那一份独有的优雅气质。她曾在一次访谈中说："这一生，我不会做任何一个人、任何一种东西的奴隶。"不在繁杂物质中迷失自我，优雅、淡然是她的教养。

俞飞鸿出身于一个高级知识分子家庭，从小，她的美貌就使她成为众人中的焦点。在北京电影学院求学期间，她爱读书，学习刻苦，外形、气质出众，是学校的风云人物。上学期间，她被选中出演好莱坞电影《喜乐会》，之后却又放弃在好莱坞发展的机会，选择毕业后留校任教。可是留校没过多久，她又放弃"铁饭碗"，只身去美国留学。对这番折腾，她不后悔，她只是认为自己的人生太顺了，应该去陌生的环境里锻炼自己，探探自己的底线。她没有像其他人一样沉迷于已有的硕果，而是敢于尝试不同，开拓人生的广度，这是对人生最大的尊重。

后来，她做演员，拍戏，又当导演；推掉片约，专心花费十年时间打磨一部电影。她行事低调，不喜欢透露太多私人生活，不看重名利，只是坚持工作要能给自己带来自由。

也许在很多人看来，俞飞鸿有着这么好的资源，却不懂得利用，很可惜。可是她认为自由对她来说才是最重要的东西。她曾说："很年轻的时候我就知道，所有的绚烂终归要归于平淡；如果你能享受平淡，那有没有绚烂过、什么时候绚烂，都不再是一种压力。"她不在乎机会和资源是否被浪费，只在乎自己的内心是否充盈，就这样温和而坚定地生活着。

金钱可以买来外表的美丽，但买不来内心的愉悦。世界太大，诱惑也很多，一不留神，人就会忘记初衷，活在别人的目光里，而失去了自己，丢失了内心。如果你仔细看俞飞鸿的眼睛，你就会发现，岁月带不走的那种坚定、淡然、从容始终在她的眼中。气质修养体现在了她的言谈举止和生活态度上。她不张扬,自立、自信;坚持走自己的路,不回头,不动摇。这样的女人,谁不欣赏呢?

随着时间的流逝,每个人都会老去,我们能留下来的,恰恰是内心里一些看不见的东西。淡然对待生命里的喜怒哀乐,从容些,坚定些,也许你更能发现最真实的自己。

只要努力认清并提高自身的修养,始终温和而坚定地生活,终能成就自我,也终会赢得他人的欣赏。

> 一张被揉皱被踩过的百元纸币价值仍然比崭新的一元纸币高,我们的价值不会因身处顺境而升值,也不会因身处逆境而贬值。

有所畏，有所敬

教养是不可一蹴而就的，
教养是随时间经历而累积的，
教养是可以遗失也可以捡拾起来的。

我看到网上有人开玩笑说，人类爬到食物链顶端，不是为了吃素。这句话虽然是玩笑，却暗藏了我们身为人类的优越感。高科技的生活让人们对未来的掌控越来越自信，但我还是认为，人可以自豪于自身的高超智慧，但是永远不要藐视一切。对世间万物常存一份敬畏之心，才能让自己不至于走偏。

[061]

一位朋友告诉过我这样一个见闻。她去欧洲旅游的时候，有一次在公交站台等车。等车的人虽不多，但几个人还是自觉地排起了队。当时排在她前面的是一个七八岁的小男孩，不一会儿，小男孩大概有些渴了，跑到路边的自动售货柜上买了一瓶饮料。这时，身后又来了几个人排在了队伍后面。那个小男孩过来后，看了看，径直站到了队伍最后面。朋友看到了，招呼他排到自己前面，因为刚才他就排在这儿。小男孩却摇摇手，羞涩地笑道："不了，我刚才脱离了队伍，再排在那里是不符合规则的。"

什么是规则？规则就是由群体共同制定，并由群体共同遵守的条例和章程。有人可能对规则不屑一顾，认为规则没什么大用，不遵守规则的人反而常常得到好处。说实话，有这样的想法并不奇怪，因为人天生就有利己的倾向。但如果你认为这样想是正确的，那你是只看到了一时的得失，而没有看到长远的危害。

印度的交通混乱情况一直被诟病，我曾经看过这样一个视频：在车水马龙的十字路口，车辆正在有条不紊地快速通过。就在人们始料不及的时候，一辆小车我行我素地快速从旁边窜出来，想要通过路口，丝毫不理会像流水一样快速通行的车辆，结果被一辆车撞翻几十米，司机也被甩到半空中。

这一行为要在旁人看来，简直就像是自杀，但是那个司机好像并没有意识到违反交通规则是件多么严重的事。

如果你认为自己不遵守规则没错，别人也会这样想。当别人在你开车时闯红灯，在你买票时插队，在你走过时吐痰，你还会认为这没什么大不了吗？规则，是为了让社会更有秩序地运行，是为了保护所有人不受伤害。如果人人都不遵守，那规则还有什么用？举个很现实的例子，你开车不小心和别人追尾了，如果没有交通规则来判定谁承担责任，就算是别人撞了你，你也有理说不清。总之，一句话，规则是为了大家生活得更方便，而不是为了约束而约束。怀着敬畏之心对待规则，是一种基本的素养，于人于己，都是有益的。

2006年，网上流传着一个很火的虐猫事件，一个穿着高跟鞋的女人不仅将一只猫踩死，还全程记录。视频里，她脸上带着微笑，鞋跟踩向了猫的眼睛。事后，她还将录下的视频放在网上收费观看。后续有报道揭露了施虐者的身份，发现踩踏者是一名护士，拍摄者是一名记者。后来在舆论压力下，施虐者公开道歉，并受到了该有的处置。这个事件过去了，但留给我们的反思还在。到现在，还时不时会有虐猫的视频传出，被曝光的尚且如此，那么现实生活中又隐藏着多少虐待动物的行为呢？

这种对生命的轻贱、漠视让人不觉背脊发凉。无独有偶，柴静也曾收到过虐待动物的录像，她描述说：

"现场全是人，老人蹲在那儿咬着烟卷，悠然地说笑。小孩子嗑着瓜子跑来跑去找最好的角度。女人们抱着脸蛋红扑扑的婴儿，嬉笑着站在一边。斗狗场上的男人跪在地上，对咬在一起的狗吼叫：'杀！杀！杀！'他们眼睛通红，嘴角能看到挂下来的白线。赢了的人，可以拿到三十块钱。"

柴静说，生命往往要以其他生命为代价，但那是出于生存。只有我们人类，是出于娱乐。

人类虽然是地球上智慧最高的动物，但对生命的敬畏之心不可丧失；不管对方是多么低等的生命，都应该得到尊重。一个不懂得尊重生命的人，不知道人类渺小的人，他们的眼里只有自己，甚至为了自己一时的消遣，枉顾其他动物的生命，这样的人是自私自利的，与教养相去甚远。

对规则保持一种敬畏的态度，不是老实，不是呆傻，而是一种基本的素养。

有教养的人，对人类的种种优秀品质，如善良、忠诚、正义、诚信、舍己为人、勤劳勇敢等，充满敬重敬畏敬仰之心。我们不一定每种品质都有，但他们值得敬重和赞扬。我们不是不可以怯懦和懒惰，但不可以把这些陋习伪装成高风亮节，不能因为自己做不到这些优秀的品质，就诋毁做到的人是伪善。你可以做不到，但不能不怀有一颗敬畏之心。

有教养的人知道害怕，明白害怕是件有意义、有价值的事情。他们懂得自己的限制，知道世上有一些不可逾越的界限。知道世界上有光明，光明中有正义的惩罚。由于害怕正义的惩罚，因而约束自我，是意志力坚强的一种体现。

有教养的人知道仰视高山和宇宙，知道仰视那些伟大的发现和人格，知道对自己无法企及的高度表达敬仰，知道对他人的信仰保持尊重，而不是糊涂地闭上眼睛或是居心叵测地嘲讽、肆无忌惮地践踏。

尼泊尔是与中国毗邻的一个高山小国，这个国家经济贫困，人口稀少，幸福指数却总是位居世界前列。在这个国家的街市行走，你会发现街上的人总是带着恬静的微笑和友善的目光。那里的人们虽然贫穷，却知足常乐，而这种安然满足的心态和这个国家具有虔诚的宗教信仰有很大关系。

他们以品行崇高的神灵为榜样，敬畏神灵，也学习神灵的高尚品行，所以没有太多贪欲，从而也就免去了许多求而不得的痛苦。

敬畏，不是畏惧；不是以弱者的姿态来面对强者，而是敬重崇高神圣的事物，并以此作为约束自己的规范。有了敬畏，我们才会对自己有高要求，才会有意识地清除自己内心的恶念。正如周国平所说："热爱生命是幸福之本，同情生命是道德之本，敬畏生命是信仰之本。"世界上有些人信神，有些人不信，这并不是很重要；因为我们真正需要敬畏的不一定是神灵，而是内心的良知和道德底线。

有句话叫作"天不怕，地不怕"。但一个人如果真的达到了这种状态，那他一定是很可怕的。一个人因为有所敬，有所畏，而对自己的行为加以约束，知道有些事可以做，有些事一定不能做，这并非是懦弱的表现，相反需要强大的意志力。当我们有足够的心力掌控自己，才能有余力做更多更大的事；行事间游刃有余，使人生不脱离轨道。因此，懂得敬畏，也是一个人成熟的表现。

敬畏，是认识到自己的渺小，愿意仰视一切伟大与崇高。

当我们把自己放在一个较低的位置，则更加愿意学习和接纳周围一切美好的事物。

> 敬畏知识，使我们变得博学；敬畏生命，让我们懂得了尊重；敬畏自然，我们才领悟了生命的真谛。一个人因懂得敬畏，才心怀慈悲，我们敬畏不仅是外在的事物，更是内心的良知和道德底线。

有种品德是不打扰、不妨碍他人

教养就是不打扰他人,
不影响他人,
于无声处做好自己本分的事。

我们在社会上生活,就像是住在一个大的公寓,每个人都有属于自己的房间,这是属于我们一个人的空间,这样的个人空间一般是不太欢迎他人随意打扰的。所以一旦个人空间被侵扰,就难免出现矛盾和摩擦。为了避免冲突,我们最好不要随便打扰、妨碍他人,更不要对他人的生活指指点点。

把自己的意愿强加到别人身上,随便去评价别人的生活是很没教养的一种表现。

曾经看过这样一个故事:

一对小夫妻准备要结婚了,但没什么钱,结婚前,跑进一个珠宝店,据说这家珠宝店的珠宝价格很低,1000元就可以订一个戒指。1000元当然是买不到钻戒的,但只要是男人买的戒指,是锆石的,还是银的,对女人来说根本不重要。但是,当女人在店里试戴戒指的时候,店员对她说,"简直不敢相信有男人会用这么便宜的戒指来结婚,真是太悲哀了。"店员的话让场面很尴尬,男人的脸上也满是难堪和愧疚。这时,那个女孩只说了一句,"结婚并不一定需要上万的钻戒和兴师动众的仪式,有他就够了。"就戴着不到一千块的戒指,拉着男人走了。

> 我们的教养体现在我们的言行举止上,也体现在我们的孩子身上,无数个熊孩子的诞生,都显示了其家人教养的缺乏。

看到这个故事，我想起一句话，不要用你自己的眼光随便去评价别人的生活，不要打扰到别人的幸福，因为你根本就不懂。

周六下午，带儿子去看电影《愤怒的小鸟》。出发之前，我向儿子提出了几点要求：到了电影院，找到自己的座位就要老老实实坐好，不能走来走去；电影院里比较黑，不能大吵大闹；如果有需要的话，要小声说出来，不能大声嚷嚷，影响周围的人。对于这几点要求，儿子非常爽快地答应了。到了电影院后，发现还有很多家长也带着孩子来看。电影开始之后，儿子表现得很好，不吵不闹，而且有问题也是小声问我。不过，相比我们的安静，后面的一对母子显得比较喧闹。小男孩看得非常起劲儿，而且不住提问：为什么小鸟看起来都不一样，它们的房子都是用什么做的？问问题也就算了，可是声音也太大了，半个电影院的人都听得到。不过，最让我惊奇的是他妈妈竟然并不觉得有问题，还一个劲儿夸奖道："宝宝真聪明，能发现这么多问题。"当两人沉浸在愉快的互动中时，没有发现旁人不满的眼光。儿子趴在我耳边小声说："妈妈，他们好吵啊。"我也有些无奈，只想着电影快点结束，带儿子离开。

很多时候，我们似乎都在无视孩子的坏习惯，或者说变相鼓励孩子的坏习惯。孩子表现出来的没教养并非天生，而是大人教给他的。与其说孩子没教养，不如说是大人没有教养，因为大人根本就没有教导孩子什么是正确的行为。当我们身处公共场合时，保持安静的环境和空间是对人基本的尊重。如果不顾他人的感受，大声说话，大声欢笑，势必会影响到周围的人。

前几天早晨去上班，快到公司门口时堵住了，原因很简单，路口的信号灯坏了，四面八方的车辆好像生怕自己吃亏似的，疯狂按照自己的路线向前冲去。于是，原本开阔的路口被堵得水泄不通，公交车、私家车、三轮车都挤在了一起。直行的直行，拐弯的拐弯。这个滴滴按两声喇叭，似乎说：哥们儿，让让，我着急上班。那个滴滴回应两声，似乎在说：不行啊，我着急送孩子上学。原本几分钟就能通过的路口，竟然整整用了半个小时。如果每个人都能礼让一下，不妨碍他人的话，一切都会畅通无阻。但现实总有一些人，只会你超我赶，为了一点儿小事就破口大骂，甚至撕扯在一起。我曾亲眼看到两个私家车司机因为超车和骂人而扭打在一起，最终谁也走不了。

我们明白，每个人都是有差异的，谁也不能强迫别人接受自己的观点，按照自己的行为标准来做事。可是不妨碍、不打扰他人，应该是我们在公共环境中做到的最低标准，是最基本的教养。有的人可能认为"我有权利做……"，但是要知道，"权利"的背后是"义务"，当你呼喊"权利"的时候，你又是否尽到了应尽的义务呢？遵守公共准则，不侵犯他人利益是我们的义务。如果你在公共场合不愿意考虑别人，那谁又愿意尊重你的权利呢？

> 唯有每个人真正践行做好自己，不妨碍他人，唯有这种教养融化到我们的血液里，我们想要的生活才能到来。

姑娘,你不是公主病,是没教养

真正的公主高贵独立,懂得真善美,
做事有教养,有分寸,
穿得了公主裙,系得了脏围裙。

生活中有这样一类姑娘,在她们的观念里,自己永远是被照顾、被呵护的公主,别人都应该以她为中心,无条件对她好。有人侵犯了她的利益,她就一定要据理力争;而她犯了错,别人最好无条件包容。总之,永远以自我为中心,从来不考虑别人的感受。这样的人,表面上看是公主病,实际上就是缺乏教养。

每个女孩都有一个公主梦，我们梦想着穿着漂亮的公主裙，走在美丽的城堡里，无忧无虑地长大，然后王子会骑着白马将我们接走，从此过着幸福的生活。谁还没有一颗少女心呢，我们都渴望被关注，被呵护，但这并不是我们刁蛮任性、无理取闹的理由。

公主病不是一天养成的，是日常所有行为习惯积累所带来的。有些是从小开始，有些是逐渐越积越深，变成"公主癌"。现在很多小女孩带着王冠、穿着公主裙在街上走着，如婚礼蛋糕般层层叠叠引人侧目。其实从礼仪上来讲，特定场合或者在家里才能穿的丝绸公主裙，在日常逛街或在公园玩耍，并不适合穿公主裙。也曾有外国人问我：为什么中国小女孩在平时要穿着典礼的衣服？

本来小女孩嘛，喜欢公主装也无可厚非。但那天在咖啡厅遇到的"小公主"，让我开始想什么才是真正的公主。咖啡厅里，那个小女孩很引人注目，是一个戴着王冠穿着公主裙的六岁女孩，水灵灵的大眼睛、长长的睫毛，甚是可爱，穿着公主裙，俨然一个真正的小公主，甚至让我觉得，之前关于穿公主裙的场合要求，是不是太过于苛刻。

小女孩很活泼，在过道里跑来跑去，一回身，正好撞到了来送咖啡的店员，店员勉强站住，小女孩也没什么事，力气不大，就是咖啡洒了一点。本来没什么事，店员也笑笑给小女孩先走。

"你弄脏我的裙子了。"小女孩喊得很大声。店员连忙道歉，并擦着小女孩的"公主裙"。一小点咖啡渍，洗一下就好，没什么关系。

"哇，我的裙子，我不管，你弄好我的裙子。"听到小女孩哭声，她父母走过来，不分是非，劈头盖脸就是一顿指责，完全不听店员的解释。后来店长过来又是道歉又是免单，这事才算完了。小女孩全程霸道无辜的态度，完全不觉得是自己乱跑撞到了人家，家长自然也完全不觉得是自己孩子的问题。

我问小女孩，为什么喜欢穿公主裙。小女孩头仰得高高地说了一句：我本来就是公主啊。看着她霸道娇气又无礼，父母脸上却是一派自喜的样子。真想对这对父母说：除了裙子，她哪儿像个公主？真正的公主是勇敢又助人的啊，看看《幽灵公主》吧。

> 年纪小向来不是借口，小时候的公主病，还能用无知、天真作为掩护。那么长大后呢，没有人总会包容这种病态的行为。

我们经常听到,"孩子小,不懂事"这样的话,好像孩子的一切错误都可以用这句话搪塞。说这句话的家长是不是也该反省一下"不懂事"这三个字,为什么会不懂事,不是年纪小,是家长教的不够。孩子的行为,就是家长教养的体现。

我有一个朋友,自诩为公主,崇尚公主一样优雅的生活,甚至不允许身边的人"惯毛病"。

有一次她约我到一家餐馆吃饭,餐馆的环境高档优雅,周围的人都穿着正式,这一切都很符合她的"公主习惯"。但当服务员上好菜,朋友尝了其中的一道菜,她就有些火了。她大声指责身为高档餐厅,菜竟然这么咸。服务员忙着道歉,并答应重新换一盘。但是朋友依然不依不饶地吵闹着,并声称这家餐馆已经破坏了自己用餐的心情。最终大家都有些闷闷不乐地吃完了这顿饭。

朋友喜欢向别人传授她精致生活的心得,说实话,我已经有些反感了。真正的公主我不知道是怎样,我只知道,在公共场合和服务员因为一点小事而喋喋不休、不依不饶,一定不是真正公主的作风,而是没教养的体现。

前几天看一档综艺节目,有一对小情侣来到现场,请求现场的爱情导师们拯救他们的爱情。女生给我印象最深的就是口口声声不离"公主"二字。她对现场的导师们说:"男朋友最开始追求我的时候说了,要把我当成公主一样宠爱。""他说了,会给我像公主一样的生活。""我觉得自己作为一个女孩子,就应该被好好宠爱,活得像个公主一样。"女孩子说话口口声声不离"公主"二字,好像说了自己就是真的公主一样。

女孩长相中等,身材偏胖,不能算十分漂亮耀眼的女孩子。说话时头微微抬起,并不注视对方的眼睛,显得有些无礼。说话声音带有撒娇,但是语气并不动听委婉。不说评委了,就连我都能明显感觉到,女孩和所谓的公主形象是不沾边的。

轮到男孩诉说想要分手的原因了,他讲到,女孩子自从毕业后就没有认真去工作过,生活中最大的爱好就是网购或者去逛商场;而在花男孩子辛苦赚来的钱时,她没有任何的感激,把所有的一切都当成了理所当然。男孩子为了改善经济条件,开始创业,自然比平时忙了很多,也辛苦了很多。这一切非但没有得到女孩子的理解,反而责怪男孩陪她的时间变少了,对她似乎也没有以前那么上心了。

男孩子在劳累了一天回家后,等待他的不是温柔的陪伴,而是女孩子的满口抱怨与无理取闹。甚至很多时候他回家后,女孩子还没有吃饭,还在等着他做饭。偶尔回到家,也能看到女孩子已经点了外卖吃过了,但是吃完的餐盒随手扔在沙发旁边的茶几上，甚至床边的柜子上，还在等着他来收拾。

一次两次的，男孩子就迁就了。但是经常这样，人都会累的，所以男孩就萌生了想要分手的想法。而女孩还是不自知，把自己当公主，等待别人伺候。

听完男孩的讲述和女孩的申辩，现场的爱情导师们跟女孩说了一段话：什么是真正的公主，真正的公主外表美丽，有自己的生活能力，愿意承担责任，做事有教养有分寸；而你，这其中一条都没有。

女孩总是拿男孩以前说过的话当成自己懒惰的借口，幻想自己就应该如之前男孩所说的那样，像个公主一样生活。可是她忘了想要男孩为自己着想，自己先要为男孩着想。一味地想让别人付出，只知道抱怨指责别人，只能证明你的教养不够。

真正的公主从来都是善良温暖，优雅知礼，平易近人的。她们不去贬低他人，也不会无理取闹，不必自我夸耀，也照样熠熠生光。

> 所有打着公主病的旗号无理取闹、索求无度、自私粗鲁的行为，都和公主病无关，而是没教养。

旅行是最好的修行

切斯特菲尔德

所谓良好教养，
它们在几乎所有国家中乃至于一个地区里，
都不尽相同；
每一个明辨事理的人都会
模仿他所在之地的良好教养，
并与之看齐。

旅行就是一场修行，遇到不同的人，遇见不同的风景，在不同的人生里思考，在不同的眼睛里审视自己，有得也有舍。和小动物美丽的邂逅，你会认识到不同物种的生存智慧；与来自不同背景的异国朋友相处，你会逐渐学会友善与宽容；感受不同地方的文化传统、风俗习惯，你会慢慢懂得尊重与包容。旅行的路上，你不仅看到了风景，更学会了成长。

旅行是个人的修行，也是文化的交流。不同的地域、国家，有不同的风俗习惯、宗教信仰、行为方式，我们要了解并尊重。

旅行，让我学会尊重。

我是一个没有宗教信仰的人，但第一次去西藏的时候，我看到了藏族人民的虔诚，也懂得了尊重不同的信仰。对我来说，去西藏，是享受拉萨的阳光浴，是去看绝美的圣湖，是去领会喜马拉雅的雄壮。对于布达拉宫、大昭寺，我没有什么特别的情怀。但当我看到大昭寺外虔诚的朝拜者，布达拉宫外转经的信徒，总是油然而生一种尊重。每天在布达拉宫的广场上晒太阳，总会遇到一个六十岁左右的藏族阿姨，手里拿着转经筒，在转经路上走一圈，兜里装着一沓零钱，看到朝拜者就双手合十，将零钱放上。每次看到，我都感到心里暖暖的。

我也曾尝试放空内心，跟着人群，沿着转经路，心里默念"嗡嘛呢叭咪吽"，虽不得其意，但跟着一群虔诚、有信仰的人默默走上一圈，不由心静好多。有时候，就这样长久地坐着，看转经的人、朝拜的人，从四方八方磕长头而来。

我还是没有信仰，但会在走进他们神圣的地方时，摘掉帽子，不穿短裤、拖鞋，不随便拍照，顺时针参观（在西藏，转经、转塔都是顺时针）。

去不同的地方，了解不同的风俗、信仰，学会敬畏与尊重。去一个地方之前，至少要了解一下当地的风俗习惯和禁忌，那些在旅游中，随便亵渎当地文化、不尊重其信仰的人，是缺乏最起码的素质。

旅行，让我学习历史和文化，遇见美好。

旅行中，除了尊重文化差异，还要多听、多看美好的事物，体会不同的文化艺术。旅行是一种修行，指的不是走马观花，去著名的景点，和巴黎铁塔、蒙娜丽莎、自由女神像拍照，然后发朋友圈。到一个地方，需要我们慢慢体会其历史、人物、自然风光，拍照留念自然无可厚非，但不能弃本逐末。

曾听一个朋友说，她有点讨厌罗浮宫的《蒙娜丽莎》了，每次去罗浮宫，画前都挤满了人，让她有点觉得因为它，大家都不去欣赏那些优秀的其他艺术品，那么多精美的馆藏，多少年都看不全，然而进去的人，只是挤着去看那一个。

也难怪朋友抱怨。罗浮宫作为世界四大博物馆之首，拥有的艺术收藏达 40 万件以上，包括雕塑、绘画、美术工艺及古代东方、古代埃及和古希腊罗马等 6 个门类。从古代埃及、希腊、埃特鲁里亚、罗马的艺术品，到东方各国的艺术品，有从中世纪到现代的雕塑作品，还有数量惊人的王室珍玩以及绘画精品等等。可以说，罗浮宫是欧洲乃至世界历史、艺术和文化的一个高度浓缩，有一句话形容出了它的尊贵："一天就把罗浮宫逛完是对它的一种亵渎。"

我们到罗浮宫这种艺术殿堂，要多去欣赏不同时期、各具特色的艺术作品。而不是轻车熟路直奔罗浮宫镇宫三大宝——胜利女神、维纳斯、蒙娜丽莎，拍完照走人，让其他无数传世之作形同虚设。这是对文化、对艺术的尊重，也是自身文化修养的体现。

到过加拿大的人，都感慨于它美丽的自然环境、精致的木房子和大片的草地，还有随处可见的小动物。大摇大摆地走进院子里，吃树叶、花朵的小鹿，悠闲自得地跑来跑去的小白兔，上蹿下跳捡果子吃的松鼠。加拿大的果树是用来观赏的，结了果也不摘，任其落地，让松鼠、小鸟食用，所以常有苹果落地无人睬的现象。

旅行是一种学习，学习历史人文、文化艺术，学习一种文明。

所以到加拿大，我们要习惯随处跑来的小动物，不能随便摘树上的果子，在公众场所掉落在地的果子，也最好不要拾起。到了人与动物和谐相处的环境，就好好享受和不怕人的小动物们的亲密接触。

旅行，让我注意到不同的文明，学习更好的文明。

学习了历史人文、文化艺术，还有更重要的一点就是学习一种文明。

在去法国时，候机的乘客都把行李放在脚边不挡过道的地方，没有人放在旁边的空座上；坐在长椅上，来的人会问坐着的人能不能坐下，得到同意后才会坐下；长途飞行中，准备放斜座椅休息的人，会回头微笑着示意后面的人；抵达机场时，乘客们会从前往后陆续起身，按先后顺序下飞机，即使有的前排乘客取行李时动作慢一点，后面的乘客也会耐心等着，排队跟进。

在日本，会在机场看到十几个人挤在一个封闭的吸烟室里吸烟的情景，虽然门外露天处空旷无比。因为在日本即使是露天，抽烟也必须在指定的区域抽。即使在街头马路上，也不能边走边抽烟。在公交车、地铁车厢、电梯里，他们把自己的双肩包取下来提在手上，以防止转身时背上的包碰到身边的人，同样不会打电话，因为说话的声音会影响别人。如果自己身体不适出门，一定会戴上口罩，在人多的公共场所戴上口罩不是为了防范别人，而是防止自己的不妥会影响到别人。

有修养的人也会有一些盲区，总会存在一些我们平时注意不到的文明。像在公交车、地铁取下双肩包这种小细节，我们就可能会忽略。这就需要我们不断发现，不断学习。

文明，绝不单纯是各有各的特色就够了的，文明一定有好坏之分，去更多的地方，学习更好的文明，然后成为更好的人。我所理解的旅行的另一种意义就在于此。人生路上，我们总是在不断学习，不断成长，这些都是修行。

> 旅行是一种修行，一种成长，看过大山大水，体会了各异风情文化，在行为上，更注意了文明礼貌，在心灵上有了更宽广的心胸，更懂得爱与尊重、包容。这些会让我们成为更好的人。

有正义感的人,运气都不会差

真正的勇敢是在你还没开始的时候
就知道自己注定会输,
但依然义无反顾地去做,去捍卫正义,
并且不管发生什么都坚持到底。

有教养的人,生活中彬彬有礼、热情周到。教养包括了太多的方面,有行为上的举止礼仪,内心的温柔善良,然这些都还不够。教养要求我们有明辨是非的能力,有维护正义的决心,它需要有面对黑暗的勇气,战胜邪恶的力量。

[085]

关于正义，看完《杀死一只知更鸟》有了更多的体会。芬奇是美国南方小镇梅岗城的一名律师，为人正直沉稳，常常不计报酬地为穷人们伸张正义。妻子去世后，他独自照顾着女儿与儿子。在一次谈起打鸟时，他一再嘱咐孩子不要去伤害知更鸟，因为它们只为人类歌唱，从来不做危害人类的事情。

一天，小镇上发生了一起强奸案，芬奇受地方法院的委托，为那名被控强暴白人女子的黑人罗宾逊辩护。在当地，歧视黑人的现象十分严重，芬奇的行为自然引起了小镇上许多存有种族歧视观念的人的不满，他们极力地阻挠芬奇的工作。但芬奇并不在意人们的阻挠，继续仔细地对案情进行深入的调查。为了使罗宾逊远离不必要的伤害，他还和女儿彻夜留守在拘留所里保护他。

法庭上，芬奇证明罗宾逊的左手自小伤残，根本没有能力对他人施暴。事实的真相是白人女孩勾引了罗宾逊，被其父撞破，罗宾逊在慌乱中逃走，白人女孩谎称被强奸。芬奇要求法庭判他无罪，并且义正词严地呼吁人们要尊重事实、维护人类的尊严与平等。然而在一系列事实面前，种族偏见极深的检察官和陪审团仍然偏信原告，执意要判罗宾逊有罪。事情并没有就此结束，持种族偏见的一些白人进而对芬奇一家进行挑衅和恐吓。面对强暴，芬奇毫不畏缩，他仍然准备继续为罗宾逊申诉。

何为正义，一方面是捍卫人的权利，不分人种，鄙弃歧视，还原真相；另一方面小到如一只知更鸟，我们也不应该去伤害它，因为它们只为人类歌唱，从来不做危害人类的事情。正义是站在人类角度的正义，也要保护其他生命的正义。正义有好多种，存在于家国天下，也存在在普通生活中。

　　有正义感是一种品质，一种内涵，是我们按一定道德标准所应当做的事，它来自于我们内心深处的教养。

　　前央视著名主持人柴静曾说，当她刚开始进入新闻行业的时候，有人问她做新闻应该关心什么，她说"人"。这么多年来，她也一直身体力行坚守着自己的初心，坚持奔走在正义的道路上，为处于弱势的人发声。

　　每年，一到秋冬季节，北方地区的雾霾就笼罩了中国的半壁江山。人们抱怨、吐槽、气愤，想要逃离污染这样严重的地方，可是又有种种原因无法离开。于是慢慢学会了接受、妥协，直到习以为常。

> 行为上的举止礼仪可以长期伪装，内心的正义感无法伪装，教养体现在我们对正义的维护。

从央视辞职后，柴静本想休息一段时间，陪陪自己刚出生的孩子。可是孩子出生就自带疾病的事，让她开始思考雾霾对健康影响的严重性。曾经的她也和大多数人一样，虽然对雾霾感到厌恶，但从没有真正重视这个问题，也没有为解决这些问题做什么。那时她终于意识到大众和相关部门对雾霾的轻视，而这种轻视最终会给人们带来无法挽回的后果。

于是，在辞职后的一年时间里，她自费四处走访，请教许多相关专家，探寻雾霾产生的原因，做成了《穹顶之下》这个视频，希望引起人们对雾霾重视的同时，也对有关部门以及企业发起了追问。

不到一天时间，这个视频传遍全网，成为数亿人手机朋友圈中热谈的话题。其中有支持声，但也不乏异议，但不能否认，这个视频使没有太重视雾霾问题的大众，也开始关注起关于雾霾的各种问题，环保部门也开始重视大气污染的治理。当《大气污染防治法》修订时，柴静将自己调查的所有资料都提交给了全国人大法工委，以帮助其更好地制定适合当前污染情况的法律法规。人大在看过之后，给了柴静很详细的反馈并且非常感谢她提供的资料。

发现问题的人很多，抱怨现状的人很多，可是真正去做、坚持正义并勇于面对非议的人却很少。回头想想，你我是否也是遇到问题时只会发牢骚而不会采取措施解决问题的人？

也许有时候你以为自己坚持正义会成为"出头鸟",没有人会响应自己。但是我相信,有正义感的人永远是大多数。这种正义感,源于发自内心的勇敢与善良,是我们良好修养的体现。

前一段时间,我在网上看到一条新闻。一个残障男孩在公交车上乞讨的时候,发现一个小偷正在偷钱包。他口齿不清地想指认这个小偷,可是公交车里的人都没有注意到,所以都没有理他。后来,猖狂的小偷又一次下手,并且想从下一站溜走。当车门打开时,男孩急得边喊边抱住小偷,防止他逃跑,不管对方怎么踢打都不松手。男孩的行为终于引起了人们的注意。乘客发现了不对劲,终于纷纷围过来,跟着男孩一起制伏了小偷。

这件事被报道后,人们被这个男孩的行为感动,纷纷希望找到男孩。最后,虽然遗憾未能找到男孩,但男孩的这种正能量温暖了人们的心。他让很多人开始反思自己以前对残障乞讨人士的偏见。

我们常习惯性地认为有教养的人就是从外形到谈吐到举止都得体的人,但是如果我们只是这样来定义"教养"就太狭隘了。真正良好的教养不是只体现在这些方面,更主要体现在人的内在品质上。

　　心中有正义感的人，运气不会太差，光明总是站在正义的一方，黑暗总有一天会过去。我们心中都是有正义感的，关键就看我们敢不敢为之去坚持。

> 教养的真正核心是正义，有教养的人有一颗仁慈而勇敢的心，不论世事人情如何变化，有教养的人始终知道什么是正义，并坚持不做不义之事。

你的形象来自你爱过的人、走过的路

教养和遗传几乎不相关，
教养是后天和社会的产物，
它来自于我们爱过的人、走过的路，
在潜移默化中塑造了我们的形象。

你的形象其实就是你生活态度的体现。你的一言一行，一颦一笑，一伸手一抬头，其实都暗含了你对生活的态度，是它们长期浸润的结果。你的形象，来自你爱过的人、走过的路。那些爱过的人让你进一步看清自己的内心，学会爱与被爱；那些走过的路不断磨炼你，让你体会人生的多种可能，教会你坚强和勇敢。

　　我有一个叫小希的朋友,长相属于那种微胖界的美女,性格大大咧咧,不修边幅,做事不拘小节,但率真爽快,为人仗义,所以人缘很好。小希是典型的花痴,一直憧憬着童话般的爱情。朋友们经常劝她现实点,可她一直不愿意将就地等待着他的王子。

　　后来,小希梦想成真,和高冷男神阿良在一起了。阿良不仅英俊,而且举手投足都很有修养,学习也好,是男神的典范。

　　但所有人都觉得两个人不搭,因为虽然小希长得也不错,可是两个人一看就不像一个世界的人。阿良绅士得体,注重礼仪,而且学贯中西,气质不凡。而小希大大咧咧,不修边幅,不拘小节。

> 我们要感谢爱过的每一个人,他们让我们看清了自己的内心,修炼了自己的心性,成了更好的我们。

小希不理会旁人的议论,开始为了阿良努力改变自己,从来不穿高跟鞋的她每天踩着十厘米的高跟鞋,长裙坠地,柔发披肩。她开始减肥,也开始跟着阿良去图书馆上自习,听各种讲座。只要阿良在场,她永远面带微笑,迎合阿良的话题,好使自己在各方面都配得上他。

后来,小希觉得努力融入不属于自己的世界太累了,就和阿良提出了分手。小希说,她很感谢阿良,是阿良让她知道,真的有那么美好的人存在,他的那些美好的品质让她学到了很多。这段爱情也让她看到了自己的不足,并努力变得更好。从那以后,她不再沉溺于美丽又虚幻的爱情,而是努力充实自己。她脱下了长裙,换回了衬衫牛仔裤,却不再不修边幅,衣着简单但干净、大方;她继续减肥,不再熬夜,也开始思考未来;她依旧率真可爱,而且更懂得倾听,更为他人着想。她变得越来越好。而那样的努力是她想要的,不是为了取悦任何人,这些都是她在这段感情中的收获。

我们爱过的人教会了我们成长,我们学着爱人,学着自爱。我们的气质里,包含了我们爱过的人,这种气质不只是外表的优雅得体,更是内心的体贴温柔。良好的修养会在爱的浸润下,伴随我们一生,纵使爱人离去,修养也会一直都在。

我有一个女性朋友,毕业后一直在国企工作,有稳定的事业，不菲的收入，做事雷厉风行，聪明能干。但她也看惯了为了权力的钩心斗角，尔虞我诈，她能力强，但不喜欢应酬，讨厌酒桌上的奉承虚伪，所以多年来，一直在副经理的位置上升不上去。我曾问她，以她的能力，为什么不换个工作，但她说，毕业到现在，十年了，她一直在这家公司，已经习惯了，想不到换一家会怎样。

就这样，朋友一直没换工作，直到空降的总经理发布人事调整，任命了能力不如她但八面玲珑的经理，把她调离了核心部门。后来朋友辞职了，用了一年时间放空自己，周游世界。

回来的她仿若新生，不再缩手缩脚，也找到了新的工作，成了一家上市旅游公司的部门经理。朋友和我说，以前她的眼里只有一家公司，只有日常的工作，虽然那些钩心斗角让她讨厌，但她以为大公司都是那样的，是她自己不够优秀。出去后才发现，是自己目光太狭隘，以为自己所处的环境就是社会的环境，以为自己生活的样子就是世界的样子。直到真正走出去，才发现世界是那么的广袤，真善美和假恶丑都会存在。选择善良就会收获善意。

她这一年去了很多地方，曾在挪威森林里的木屋酒店看雪，在巴黎夜晚的街头听歌者弹吉他，在英国的庄园品红酒，在自驾游的途中惬意享受不同小镇的风光。她遇到了不同的人，看到了不同的事；她用心感受每一天，珍惜遇到的每一个人。她说，不走出去，你永远不会知道世界是什么样的。我欣喜于她的变化，她还是那个聪明能干，不逢迎的女人，但已经不再是那个害怕改变，故步自封的女人了。现在的她，自信、从容，好像恢复了少女时的阳光灿烂。

我们接触的人、所处的环境，总在无形中影响着我们，我们所看到的世界的样子都来源于此。我们要学习那些人身上的长处，完善自身，要有广阔的眼光，不被现有的环境所局限。

我们常听说，你的形象来自你爱过的人、走过的路，所谓的形象，体现在我们容貌上、气质里，也体现在我们对待生活的态度上。

> 那些我们爱过的人，走过的路，教会了我们成长，提升了我们的修养，使我们成了现在的我们。

Part 3

跟巴黎名媛学到的事儿:
自律的人生才自由

对自己狠一点,才真的会光芒万丈

有教养的人让人如沐春风,
没教养的人让人如鲠在喉。
一个人对自己的要求程度,
显示了他的教养程度。

所谓教养,简单地说,就是不管你的出身和背景,都努力做个更好的人。我们用教养约束自己,引导他人,使自己和他人变得更加得体和优秀。用教养约束自己,时刻注意礼仪,言行举止优雅大方,为他人着想,心存善意。

有教养的人,对自己约束力很强,对自己要求苛刻,他们看似对自己很"狠"。当良好的习惯成为自然，就能在不动声色中，让人温暖舒服。

我有这样一个朋友。刚认识的时候，他是我的向导。我们约好，每天上午十点，在酒店大堂会面，第一次我提前五分钟到，他站在走廊等我。第二次我提前八分钟到，他站在走廊等我。第三次我提前十五分钟到，他仍然站在走廊等我。其实他并不住在酒店，而住在很远的郊区。

我去每一个地方，永远是他打开门，看他坚定的神情，我根本无法推辞。因为有一次我试着走到他前面开门，他就很不好意思的感谢我，好像做错了什么一样。

只要有他在的每部电梯，永远是他第一个出去开电梯，等我出去。我也试着先出电梯，但看他的脸上写满歉意，我有些不知如何是好，便放弃了。

后来我们渐渐熟悉了，他还是那样，总是会在约定时间之前到，总是周到的照顾好一切，有他在的地方，从不会不自在。我曾问过他，为什么总是提前到，他说习惯了，不能让别人等。我不知道，每次他会提前到多久，因为无论我多早到，他都在，但当别人迟到时，他总是说他也刚到。

没有人要求他那样，但他总是做得恰到好处，不动声色，我想，这就是发自内心的教养吧。

"我有点自我'法西斯'",说到对自己狠,不由想起严歌苓在采访时,说到她那近乎苛刻的自律意识。

30年来,她坚持每天坐在书桌前写作六七个小时,从早上9点到下午4点。在开始创作的时候,还有过长达34天没睡觉的记录。

这样的生活在外人看来十分清苦,甚至近乎折磨,可严歌苓却说自己很喜欢这样的创作状态,这让她感觉到自己的生命是有浓度的,有一种比较有凝聚力的精神。她反而讨厌长久的放假状态,让人变得懒散,脑子也会逐渐不那么爱思考。

严歌苓的人生历程始终贯穿着进取二字,这源于她十几岁时在军队修得的教养。学跳舞时,她每天四点半起床练功,脚搁在最高的窗棂上,两腿撕成一条线,哪怕写信也保持这个姿势,不到双脚麻木绝不罢休。

她的自律也体现在对自身形象的保养和塑造上。如今五十多岁的严歌苓仍有挺拔纤细的身材,优雅的姿态,姣好的面容上画着整洁精致的妆。连交往20多年的闺蜜陈冲都抱怨,从没见过她不化妆的样子。

良好的教养,是恰到好处、不动声色的温柔。

她很美，也爱美。每隔一天就游泳1000米，为保持身材坚持运动，注意饮食。在镜头前总是挺直腰背，没有一刻松懈，永远神采奕奕地面对世界。

丈夫、女儿不在家时，她可以邋遢地、专注地在家创作。可是一到下午4点，她会算准时间，抢在丈夫下班回家前化好精致的妆，换上漂亮衣服，然后静候丈夫回家。她说："你要是爱丈夫，就不能吃得走形，不能肌肉松弛，不能面容憔悴，这是爱的纪律，否则就是对他的不尊重，对爱的不尊重。"

在大众眼里的严歌苓是优雅从容的才女，她自己和她笔下的人物一样光芒万丈。光芒的背后，是她对自己的那股"狠"劲儿。无论是为创作34天不睡觉，还是时刻保持着优雅得体的姿态，她用这种"狠"诠释了什么是优雅。良好的体型、精致的妆容、自律的生活，无处不在的修养，她说这是对爱的尊重。

我大学的时候，有一个处女座的室友，和她的星座特点一样，她追求完美，对什么都要求很高，但和大家认为的处女座只要求别人，不要求自己不一样。她的追求完美是只要求自己，别人怎样是别人的事情，她从不多言。

大学生活更自由，有时候我们因为活动，可能会请假、迟到或是叫同学帮忙点名答"到",大家心照不宣,老师也不太计较。一些无关紧要的选修课,大家也经常翘课。但我这个室友,大学四年,竟没翘过一次课,没帮别人签过名,答过到,有事情不能来上课从来都是请假,而且上课从不迟到。这在大学里,真是实属罕见。

她每天六点钟起床,跑步,读英语,一直到现在都是。大学四年,她出门我们几乎都不知道,不知道她是如何起床、洗漱、收拾东西,但她从来没吵醒过我们。她不是学霸,但再无聊的课她也会提前到,而且不会在课堂上睡觉。她总是带着课外书或素描本,不想听课的时候,她就看看书或画画素描。

她说,按时去上课,不在课堂上睡觉是对老师的尊重,是最起码的礼貌。至于不代答到,不翘课,不是多认真学习,只是不想违背诚信。

她喜欢吉他,但很少在宿舍弹。她曾拜托我们去楼下听,会不会听到她弹吉他的声音,得到肯定后,就没在宿舍弹过了,她说,吵到别人不好,虽然她的吉他谈得很好听。

一起出去玩,她总是安排好行程,带好应急药物,随身带着零钱和垃圾袋。一次,另一个舍友肚子疼得厉害,她二话没说就把她背到了医务室,并在旁边细心地照顾。可当她生理期难受得不行时,她就一直咬牙忍着,疼得眼泪都要出来了，也坚持自己去医务室打了针。

对我们来说，她对自己太狠了，有时候，不那么为别人着想，不那么严格要求自己，偶尔麻烦一下别人也没关系的，但她从来不会。她的教养来自于自身的一套标准，是不麻烦别人的体贴，是时刻为别人着想的温柔善良。

教养不是苛求别人，而是独善自己。有教养的人，严格要求自己，对自己很狠，但给他人如沐春风的感觉。

> 一个有教养的人，即使日后没有许许多多的大成就，但一定是一个受欢迎的人，他们像是太阳，能照亮黑暗，带来温暖。

请不要把情商低当作挡箭牌

没有人情商低到不懂说话,
如果你打着情商低的幌子去无所顾忌地伤害别人,
那不是情商低,
只不过是没教养而已。

不知道你在现实中有没有遇见过这样的人,他们说话做事总是容易得罪人或者让场面很尴尬,如果有人提醒他们了,他们则会理直气壮地说"我没考虑那么多""我又不是故意的"……

他们喜欢用"情商低"作为自己的挡箭牌,让别人包容自己。可是要知道，情商低和没教养是有区别的。

我们有时候会说这个人情商太低了，可是我们又是怎么来定义情商低的呢，我感觉情商低只不过是说话不那么圆滑，想的不那么全面，但依然有一颗善良、淳朴、真诚的内心，不带有任何攻击性和伤害性。也因为这样，有些人经常说"我这个人就是情商太低了"，真的只是情商低吗？还是拿情商低当作自己的挡箭牌。

我们会经常抱怨男朋友情商低，不会说甜言蜜语，不会制造浪漫，猜不出你的小心思，但他用行动来爱你，尊重你，体谅你，这种低情商体现的就是淳朴与真诚。

我身边也有一位情商低的人，他不会说话，也不会哄人，典型的理工男。他不善于和上司相处，但在公司的中下层人缘极好。他不太会开玩笑，但一般属于有求必应。他对身边的不平事很看不惯，尽管语言表达次数不多，但骨子里可以归为愤青。

他有教养，会照顾到别人。无论是家人，还是身边的朋友，或者坐公交车时的陌生人，他都会关注到自己是否被需要，自己是否打扰到了别人。

但他不善于和别人沟通，他女朋友曾和我抱怨，永远不要和理工男讲理，因为他不是不理你，就是拿整个生命和你辩论。当别人不理解他或是误会他时,他不说,不讲,不解释,最多的时候会一走了之,把背影重重地扔给别人,惹来别人更多的误会或不解。对家人对上司对朋友,都是如此。

说好听的,这叫真性情;说不好听的,就是情商低。可他的情商低,是会顾及他人的,是善良真诚的。

前几天和朋友一起吃饭,吃完之后一个住在我家附近的女性好朋友顺路准备送我回家,一段日子不见,她又换了一辆骨骼清奇的跑车。当我坐在副驾驶上的时候,发现椅子后背极度向后倾斜,但是我也没好意思说。她发现了,就跟我说你调一下椅子背,坐得能舒服点。

于是不会开车全车里只认识方向盘的我,默默研究怎么调整椅背,按了附近我能按到的所有按钮,还是没有成功。这个女孩就走下车,打开我这边的车门,弯下身子给我调好椅背,还问这个角度舒服吗,如果不舒服再靠前面一点。我突然就有点感动。

想起去年,我参加了一个聚会,大家吃过饭,打算去唱歌。我坐了一个朋友的朋友的车,由于第一天认识,根本不熟,我上车之后发现椅子极度靠前,因为后座堆着一堆东西,于是我就把东西挪开,然后努力想把椅子向后推一点。弄了半天,都没有成功,也不是有多复杂,只怪我太笨了。

于是我就跟朋友的朋友说："能麻烦您帮我把椅子稍微往后调一下吗？谢谢啦。"结果他一脸惊诧，哈哈大笑，反问我："姑娘啊，你是不是今天刚进城的呀，我第一次听说还有人不会调椅子的。您是刚来打工不久第一次坐汽车吗？是不是从纺织厂跳槽过来的啊？您还会开车门真还学的挺快的。"

也许他是觉得自己很幽默，也许我是有点玻璃心。但是我可以确定的只有一件事，就是一个人，哈哈大笑，对着一个第一次见面的人这样开玩笑，让人尴尬，并不礼貌。

大家经常讨论人际关系方面的词有两个，一个是教养，一个是情商。有些人认为所谓教养就是懂得餐桌礼仪，喝红酒之前知道醒酒和晃杯子。

我认为这些也是一种教养，但是更深一个级别的教养，是从内心散发出来的一种东西，简单说来，一个有教养的人懂得尊重别人，体恤别人。面对一件自己熟悉而别人陌生的事物，能并不炫耀，没有嘲笑，没有讥讽。不盛气凌人，不高人一等。

有一个男性朋友，大学毕业后就被外派到非洲去工作。两年后第一次休假回国。回来参加同学聚会，大家对他在短时间内取得的成就羡慕不已。他女友和我们一起参加聚会，女友漂亮大方和朋友很相配，大家都鼓励他们再坚持两年的异地恋，就可以等到朋友回国稳定下来结婚了。

正当大家都高兴地在交谈时，一个朋友不合时宜地打断了大家。"两年那么长的时间，什么都会变的，你们能确保自己在接下来的这两年里感情不会有任何变化吗？两个人离得那么远，身边难免有一些别的人的陪伴，你们就能确保不会心动吗？"她的一番话说完，全场鸦雀无声。朋友和女友脸色都变了又变。

这个朋友意识到自己说的话引起了大家的反感，连忙出来解释："哎呀，我这个人情商比较低，不会说话，大家不要当真，见谅哈。"本来喜悦的气氛，因为这个意想不到的插曲，再也回不到之前那种氛围了。

而朋友的女友，明显对那番话当真了，不知又想起了什么，脸色十分不好。最后聚会不欢而散。

> **真正的情商，是绅士的风度，是良好的教养，是维护别人的体面，也是对世界温柔以待。**

有些人埋怨那位朋友，就是因为她的一番不过脑子的话，搞砸了一次难得的聚会。但这还不是最大的罪过，这番话有可能给朋友和女友的感情带来伤害。

她并不是自己所说的情商低，而是说话完全不懂得分场合，不懂得为别人考虑。说白了，就是自私和没有教养，完全用不着拿情商低当作挡箭牌。

人们常说的情商低，说白了就是不懂得去换位思考，不愿意重视对方的感受。也或许他们觉得，无所谓，不就是说错了话吗，又没什么大的影响，别人没有必要计较。这种行为，不是情商低，就是自私自利，不要再拿情商低当作挡箭牌了，有些情商低就是没教养。

> 那些拿口无遮拦当作率真，拿刻薄当作个性的人，不是情商低，是没教养。

不妄加猜测和评判别人的生活

妄自猜测和评判别人,
是一种没有教养且损人不利己的行为。
不管我们猜中与否,我们的评判是否正确,
都不会给生活和工作带来任何益处。

生活中总有这么一些人,喜欢打听小道消息,喜欢捕风捉影去猜测别人的一些事情,末了还不忘加上自以为是的评判。没有人喜欢自己的私生活被窥探、讨论,但是不少人都在不经意间成了这样的人。我认为,每个人都有自己的想法,有自己的决定,既然你不能替他人生活,也就别对他人的生活妄加揣测。

2014年,谢霆锋和王菲复合的消息沸沸扬扬,两人都很低调,从未在公众场合一起出现过。但这段恋情却引来了很多争议,甚至是指责,大家都好像站在了舆论的制高点,什么不堪入耳的言论都有。内容不外乎是两人的年龄差和曾经的婚姻、家庭。说到底,感情本是两个人的事,他们多年后又选择在一起,是他们自己的决定,纵使他们是公众人物,也不该受到这些批评和指责。很多人表示不能接受他们11岁的年龄差,还有一些人大骂他们不管家庭,不管孩子,只顾自己。但他们两个人是各自离婚几年以后在一起的,至于他们家庭怎样,孩子怎样,我们不是当事人,又怎会知道。关于这些,接不接受是你的事情,你可以不接受别人的行为,但那是别人的选择,别人的生活,我们没有权利,也没有必要去品头论足。

"不要对别人品头论足",接受差异,不要因为别人的行为方式和自己的认知不同,就去否定别人,甚至恶言相向,这样只会显示自己教养的不足。

由于网络的发达,人们发表意见十分便利,这一点尤其在微博上表现得特别明显。但是网上的信息虚虚实实,谁能确定今天的"正能量"不会在明天变成了炒作？有时候某位明星发生一件事情，人们就立马聚集到该明星的微博下面，七嘴八舌地评论是非，正面的事情一边倒地夸，负面的事情一边倒地骂，热心得好像对方是自己的密友一样。虽说明星作为公众人物，对隐私的保护必然不能像普通人那样严格，可是作为"吃瓜群众"，这样毫不顾忌地对别人的生活指责甚至谩骂，其实已经显示出了自身教养的缺乏。言论自由是你有发表自己观点的自由，但不是任意地、不顾后果地评判别人。

人们总是认为，语言暴力不会让别人掉一块肉，流一滴血，就说说嘛，有什么关系。可是殊不知，最难愈合的伤口不是身体上的，而是心灵上的。

> 你有说话的自由，但没有扭曲、丑化、伤害他人的自由，如果这样的自由不设限，将是对他人自由的最大妨碍。

学生时代，班上总会有这样的同学，他们学习特别用功，但成绩却总是平平。我的同学小沫就是这样的。

小沫是那种很刻苦的女生，上课的时候，她总是很认真地听课，记笔记；我们下课在玩耍的时候，她还是在做题；我们所有人自修结束去食堂买夜宵，她非得学到值班老师来叫她了，她才走；我们所有人熄灯睡觉的时候，她还照着手电筒，在被窝里读书。

可是，所有经历过学生时代的人都知道，很多时候，我们努力学习，只会比不努力的自己学习好一点，但未必比其他不努力的同学优秀。

于是，总有那么一些人在背后说：你看看她，如果我是她，才不想那么认真，永远是中游水平，一点指望都没有。当然，一些好学生也很漠然，她们总是有意无意地表现出优越感说，不是所有努力都可以有成绩的，还是得先天。

小沫也不管。我和小沫算是不错的朋友，听到有人说小沫，内心总会有点悲凉和愤怒：悲凉是小沫这么努力却始终没有得到她应得的好成绩；愤怒，大概是处为学生时代的我们，最大的讽刺，就是被人说是那个不聪明的孩子，而这一切，再努力也总有一些无可奈何。

小沫后来反驳过一次，是因为一个男生得意扬扬地跑到她面前说，你看努力也没用。还不是不及格？我也不及格。

那一次高数很难，很多人都挂科了，包括小沫。

小沫站起来，她很平静地站在那个男生面前：我努力学习是得罪你了吗？你有什么资格评论别人。我今天是挂科了，但我就是喜欢努力，我觉得问心无愧。

小沫说得很有底气，若干年后，她成了一个单位的HR，专业培训员工，她说，她对每一个认真的员工都保有最深的敬意，对每一个人的生活都绝对的尊重。

小沫的事，其实对我改变挺大的。一直到现在，工作之外，我都不会去随便评价任何一个人的生活。因为每个人对自己的生活方式有自己的定义。一个人最大的恶意，就是把自己的理解强加于别人，把所有的结果理所当然地用自己的过程来解释，妄加猜测和评论别人。

其实，别人过得好不好，选择怎样的生活，都是别人的选择，跟我们没有任何的关系。你看得惯也好，看不惯也好，也是别人的生活。

总有人说，你得强大啊，强大到不在乎别人的看法。可是，别人会不会在乎你的评价是别人的事，而你不评价别人，是你的教养。

每个人都有自己的伊甸园，也有自己的故事体，每个人都有自己的方向，也请拜托，别去远方指着别人的路，让别人糟心不已。

> 不妄加猜测和评判别人的生活，是一个人最基本的素养。毕竟你有你的人生要过，别人也有别人的路要走。

别拿你的标准去"绑架"别人

真正的教养,
是自我约束,
而非"绑架"他人。

记得有段时间,网上经常会出现"道德绑架"这个词,就是指用自己的道德标准强迫别人做一些并没有责任和义务做的事情,具体表现为,我是老人,你必须给我让座;这对你来说是举手之劳,为什么不帮我;你那么有钱,为什么不捐款。

道德是无形的，是用来约束自己的。可不知道从何时起，道德约束频频凌驾于规则之上，竟成为一个有力的伤人武器，我们强占了道德的先机，就可以随意指责别人，实施"道德绑架"。老人用尊老爱幼争夺公交座位；穷人用有钱就该多出力谴责不捐款的富人；熊孩子仗着自己小就可以胡作非为。

在公交地铁上，主动让座是美德，但没有人能硬逼着别人让座，不让就恶语相加甚至大打出手。当我们要求别人让座时，是否想过对方可能是身体不适的女孩子，可能是累了一天的上班族，别人没法无条件的满足我们的需求。当他人尽量满足时，我们也应该理解他们的感受。在公交车上，不坐老弱病残孕专座，让座是美德，不让也不是犯了多大的错误。在地铁上，对不让座女孩拳打脚踢，甚至扒衣服的老人，体力那么好，真的需要让座吗，就是需要，又是谁给她的打人的权利。

那些指责富人，有那么多钱，在灾难、事故面前不捐款的；别人借钱，不借给的，又是怎么好意思的呢。别人有钱是别人的事，那是人家辛苦赚来的，有支配的权利，弱势不是资本，更不是强迫别人的理由。在一些捐款活动中，经常会听到，某某那么有钱，竟然不捐；谁谁身家多少亿，竟然就捐那么一点……好像有钱就是罪过，有钱不捐更是更深的罪过。

"道德绑架"者，往往把人捧到道德的高地，你得有大爱，你得有胸怀，你必须怎么怎样，如果不这样，就是不道德，就要受到指责。

有一段时间，高铁上逼别人让座的视频引发了关于高铁上应不应该让座的热议。高铁上逼人让座可能不是每个人都经历过，但每个坐过火车的人应该都经历过换座的事。

春运的火车上人潮拥挤，一个高瘦又略带痞气的人对一个男生说：哥们儿，换个座，我就在前面那个车厢。

> 胡适曾说，"一个肮脏的国家，如果人人讲规则而不是谈道德，最终会变成一个有人味儿的正常国家，道德自然会逐渐回归；而一个干净的国家，如果人人都不讲规则却大谈道德，最终会堕落成为一个伪君子遍布的肮脏国家。"

这个男生旁边放了一个大箱子，一脸不情愿，说不想换。痞气男竟反问："为什么不换座？"男生直接说道："单纯不想换座。"于是痞气男抛下一句"真小气"就走了。无辜的男生不仅被贴上了小气的标签，旁边的女生还冷冷地说，"成人之美"都不懂，真是冷漠。

我看到过换座的，没看到过这么理直气壮的，就好像是那个男生欠他的似的。自己买的座位，换不换是他的自由，而且他带着那么大箱子，走道上那么多人和东西，换座位也并不方便。

我们常说"帮你是情分，不帮是本分。""己所不欲，勿施于人。"真正做到的又有多少呢。相反，一些人假借道德的名义，占着别人的便宜，甚至连求人帮忙的语气，都显得那么的不客气。

尼采说，迫使人们遵从道德本身就是不道德的。诚然，社会生活中确实存在着需要帮助的人和事，我们应该帮助，但这并不意味任何人可以强迫我们帮忙。

不"道德绑架"是一方面，尊重别人的观点和选择，不把自己的意愿强加给别人，是另一方面。麦肯锡和比尔·盖茨都是世界有名的富翁，但是两人的某些观点却不一样。麦肯锡坐飞机从来都只坐头等舱,这倒不是因为他注重享乐,而是他认为,头等舱的机票虽然贵,但只要他在头等舱认识一个客户,就可能给自己带来一年的收益。他的选择是基于回报率的商业角度考虑,这并没什么不对。而比尔·盖茨,这位世界首富却偏爱经济舱,有人问他,这么有钱,为什么不坐头等舱,他却说:"坐头等舱比经济舱飞得快吗?"他以节俭为出发点,也没什么不对。

麦肯锡为了结交更多客户,选择头等舱,而比尔·盖茨则是从经济实用的角度出发,选择经济舱,两人追求的目标不一样,所选的方式就会有差别。每个人追求的东西不同,因此他们走的路也不同,我们不能随意判断哪条路是对的,适合自己的,就是最合理的。我们应该做的是尊重别人的选择,别用自己的标准去衡量、"绑架"别人。

有时候我们看到身边的哪个人不上进,便很生气,觉得很不理解,其实没必要。不是每个人都以事业成功、名利双收作为自己追求的目标,也许有些人就是不在乎身外之物,他们认为内心富足、生活快乐才是重点,而物质只在其次。这样的想法,你能说不对吗?

所以,没必要看不惯别人,我们并不能以自己的标准去衡量别人,你心里有一把标尺,同样别人心里也有一把标尺，在你用自己的价值观去衡量别人时，别人或许也在衡量你。

> 不要总是拿教养去"绑架"别人，指责别人，总是拿着教养"绑架"别人的行为，本身就是没教养。教养让我们约束自我，但我们并不能以此为借口"绑架"别人。

跟巴黎名媛学到的事儿

法国女人的优雅与教养,
来自她们的慵懒。
这种慵懒,并不是懒惰,
而是自律与节制后的从容自若。

法国是个美丽、浪漫的国度,巴黎时装周、戛纳电影节、奢侈品牌、普罗旺斯薰衣草、波尔多葡萄酒,都曾一度成为这个美丽国家的代名词。更让人倾心不已的,是巴黎的女人。巴黎的女人或漂亮或优雅,或端庄或浪漫,她们举手投足间都给人一种自信、舒服的感觉。

巴黎女人的魅力，与样貌、身材无关。我曾在法国见到很多女人都具有这样的特质。她们自信而优雅，毫不做作。她们拥有干净而精致的妆容，美好而自信的心灵，这样的美丽由内而外，忍不住让人心生倾慕。

每年11月，在法国巴黎协和广场的克利翁酒店会举行一场盛大的舞会，世界各地的名门贵族、各界名人明星聚集在此，它就是著名的巴黎克利翁名媛舞会。随着时间的变迁，佳丽的挑选范围也不再只限于英国皇室，而是对全世界少女敞开。但挑选的规则却越来越严厉，良好的家世当然是首要条件，但还要看女孩子的举止、做派。如果自己本身没有良好的教养，举止粗鲁，哪怕家中坐拥金山，也只能望舞会兴叹。近年来，在历届巴黎名媛舞会中，也不乏来自平凡家庭的女孩，她们之所以能参加这个名流云集的聚会，就是因为她们能活出自我，努力做自己想做的事情，同时举止优雅、富有教养。

> 金钱多寡代表不了教养好坏，化着夸张的妆容也代表不了品位。衣服名贵，穿着不当也代表不了时尚。

真正的优雅、真正的教养、真正的美丽是从骨子里透出来的，就像备受世人推崇的巴黎名媛一样。

提起"名媛"这个词，我曾经狭隘地认为就是脸长得好看，有钱。当我翻看《跟巴黎名媛学到的事》这本书时，才对"名媛"这一词有了真正的认识。书的作者原本是一个大大咧咧的人，来到"优雅家庭"，她看到"优雅先生"和"优雅太太"一家的生活之后，她才开始明白优雅的真正含义。

作者的大大咧咧体现在了她的穿衣打扮上，她把自己的旧卫生裤和T恤当作睡衣裤，哪怕破洞了也舍不得丢。结果巴黎"优雅太太"指出了没必要这样，然后她购买了两套不贵但是好看成套的睡衣裤，发现果真又舒服又开心。

这一点我相信很多人以前都不以为然吧，我也喜欢把穿出去不再崭新好看的T恤当作家居服，明明不好看了破洞了，但是丢了可惜，料子也不错，不如在家穿。于是衣柜里多了很多这种既穿不出去，在家也穿不过来的衣服。而且，家居服和睡衣基本不是成套的。

这并不是说我们应该立刻丢掉很多衣服，然后给自己找借口去大肆采购。而是提醒我们，在家的时候也不应该马虎潦草地对待自己。睡衣和家居服也值得去找好看又舒服的，而且确实也没多贵。不适合自己，一年也穿不到一次的衣服，果断就丢了吧，那么衣橱会清爽很多。莎士比亚曾说过："一个人的穿着打扮，就是他的教养、阅历和社会地位的标志。"着装得体是一种礼仪，体现了一个人的教养。

巴黎女人注重的另一个细节，就是要养成良好的生活习惯，比如书中的"优雅太太"每天都会很早起床，起床后的第一件事就是梳妆打扮，然后才开始准备早餐。"优雅太太"即便出门倒垃圾，也会给自己抹一点口红，穿戴整齐。虽然在我看来"优雅太太"的这些仪式有些过于烦琐，但当我们深入了解时就会发现，不只是"优雅太太"，其他的法国女人也同样如此。这些行为习惯就是她们的日常，并非刻意坚持。

女人的美不在于口红的色号、眼线的弧度、香水的味道，而是在于完完全全的生活态度。法国女人自律且节制，她们不会在任何方面放纵自己，饮食、居家、工作、生活都不会。

我们常听说一句话叫，没有丑女人，只有懒女人。这里说的懒女人不只是不喜欢花时间花心思去琢磨穿衣打扮，琢磨化妆技巧，一个女人对生活的任何一面都不能懒，工作、会友、买菜、烹煮、打扫，任何一个时刻都不可以。你哪怕有一瞬任凭自己瘫坐在沙发上，蓬头垢面地吃薯片，那么，即使你出门的时刻眼线画得再好，口红涂得再完美，你毫无生气的身姿、体态都会出卖你。

法国女人最著名的叫作慵懒，可慵懒不是懒惰，而是勤快后看上去的从容自若，很多人把这些称为风情。所以，我们也就不难明白，大牌的衣服、包包，很多人可以穿出时尚，但很少人能穿出巴黎女人那种举手投足的优雅。

用心走近他们时，才会明白巴黎为什么多淑女、多绅士。我们羡慕巴黎名媛的优雅，却只看到了她们美丽的外表和得体的衣着，其实背后隐藏的自律的生活习惯，对生活品质的追求，以及时刻表现出来的良好教养，才是我们应该学习的地方。

> 所谓的美丽、所谓的时尚，都是暂时的，只有被良好的生活习惯以及自律支撑的良好教养，才能历久弥新。

精进：你的格局决定你的结局

格局决定结局，眼界决定世界。
你的格局有多大，你的成就便有多大。
你的眼界什么样，你的世界就什么样。

人生就好比一盘棋，棋的格局决定了对弈的结局。有的人在下自己人生那盘棋的时候，随性且随意，他们不懂布局，不懂积累，随着时间流逝被动地生活着，没有开阔的格局，自然得不到满意的结局。

没有格局，棋如散沙，即使侥幸有一两步棋下得不错，也很难得到最终圆满的结局。哪怕一步走错，人生就可能全盘皆输，只有清楚自己需要的什么，并且努力去经营才能拥有自己想要的生活。

庄子《逍遥游》中有文，"北冥有鱼，其名为鲲。鲲之大，不知其几千里也。化而为鸟，其名为鹏。鹏之背，不知其几千里也。怒而飞，其翼若垂天之云。是鸟也，海运则徙于南冥……"

接下来，大鹏鸟飞过一处，下面有只猫头鹰，刚刚逮到只死老鼠。见到大鹏鸟猫头鹰愤怒地捂住死老鼠，大声地喊："滚开，不许抢我的死老鼠，不许抢！"

而大鹏鸟才懒得和见识短浅的猫头鹰计较，它摆摆头，振翅千里，激扬远去。

庄子说这个故事，是告诫我们后世人，做人须有大的格局、长远的眼光，格局太小，永远搏击不了长空。

格局是一个很大的词，它包含着人品、道德、战略眼光、生活习惯等诸多方面。做一个有修养的人，在任何场合下，守住底线和尊严，漂亮地解决问题，就是你格局的体现。

关于格局，想起了一次聚会中，大家谈到的朋友公司的一位经理跳槽的事。前段时间朋友公司的一位经理，领完了年终奖，突然宣布要辞职。不是提出，真是直接宣布，没有提前打招呼，没有离职申请，用了不到一周，收拾完东西入职新东家，发了条微信给他：虽然公司有规定离职要提前一个月申请，就用我入职以来加过的班抵剩下的日子吧。

朋友的公司才开张没多久，起步阶段比较艰难，公司从高管到刚入职三天的员工，天天无偿加班到深夜几乎是常态，他自知理亏，看到这条微信也只有苦笑一声。

那位经理走的时候正近新产品研发的收尾，他走得匆忙，留下了不小的烂摊子，公司里所有人本来就忙得焦头烂额，由于他的忽然离开，工作量更是增加了不少，好几个老员工都身兼数职，没日没夜地加班。直到他们招了新的经理，完成所有的交接和过渡，这才有时间参加聚会跟我们聊天。

听到朋友的讲述，大家都纷纷为他打抱不平，各种出主意。有说扣着他的档案别给他，各种手续也能拖就拖，不能让他得逞的；有说在社交网络上谴责他，让他的新老板看到的。对大家的各种主意，朋友只是笑笑，"何必呢，好聚好散"。

> 井底之蛙仅满足于井中的那一堆泥，而飞鸟则能翱翔于整个天空，不同的格局，造就了不同的境界。

有人说,"就是因为你这么大度,他才敢得寸进尺。"

朋友说,"我不是大度,而是知道他所求的一定得不到,既然如此,又何必落井下石呢。他不过就是想谋求个高管的职位,凭良心讲,论能力他没问题,但他的格局太窄,可能这辈子也就最多到个中层吧"。

三年过去,朋友的公司越做越大,规模比当初扩展了几倍,而那位离职的经理,据说又跳了一次槽,却像中了魔咒一般,依然在中层徘徊。

那个经理能力没有任何的问题,却输在了格局上。他目光短浅,只顾眼前的利益,没有长远的眼光,不仅不提前申请就跳槽,更丢下一堆烂摊子就离开,还抱着无所谓的态度。丝毫不为他人着想,自私自利,既是格局的狭隘,又是教养的缺乏。

你的能力决定你能得到什么,而你的格局,却会决定你最终能走到哪里。

前段时间,职场招聘节目《非你莫属》的一段求职视频在网络被疯转。视频中的主人公是一位连续三年的销售冠军。当主持人问他,"作为'销冠',哪一件是最能体现你销售能力的?"他说了自己大学刚毕业不久的一个销售案例,是在自己的引导与推荐下,说服了月薪两千元的环卫工为五岁的儿子买了价值五千多元的情商培训课程。言语之中满是得意，还包含对环卫工人的轻视。

当说到在上一个公司离职的原因的时候，他说是因为薪资，后边公司的薪水要比之前的公司高一万多。

他现场展现的推销能力并不差，可在座的12位老板，却不约而同的在第一轮了灯。

"我这个人讲话就会让人感觉很真诚。"这句话他重复了好多遍，而且不断在说自己在销售行业所取得的业绩。本来销售的目的是把产品卖出去，但如果销售人员不考虑购买者的经济能力和是否需要，而是不择手段的将不合适的课程推荐给明显没有能力负担的人，并且将这件事作为战绩来炫耀，我认为是十分缺乏同理心和道德底线的。

最后有一位老板用这样一句话结尾：我们不怀疑你的能力，但是却不看好你的人品。

一个没有同理心和道德修养的人，或许能拿到一个销售冠军，但却很难成为一个优秀的销售经理。把没有同理心的成绩当作炫耀的资本，而且只知道追求短期的利益。这样不懂为他人着想，目光短浅，不懂得尊重他人的人，格局太小，修养太低，注定在人生路上走得不长远。

大格局，是任何人想要获得成功的先决条件。想取得更高的成就，唯有突破我们眼界、格局上的限制，突破对短期利益的桎梏，突破我们内心的狭隘，增强我们对朋友甚至敌人的包容力。这是一种胸怀，一种修养。一个人只有格局大了，未来的道路才能更加宽广，才能踏上更大的舞台。

> 不同的格局，决定了你不同的人生态度和处事方式，体现了你的修养，也决定了你不同的人生结局。

不给别人制造麻烦就是最好的教养

如果我们不愿意给人收拾烂摊子,
就尽量不要给人制造烂摊子,
不给别人制造麻烦就是最好的教养。

好多时候,我们都是要求别人,却很少要求自己。"严于律己,宽以待人"在很多人那里变成了,严于律人,宽以待己。所以生活中,只图自己方便,不考虑别人感受的人经常有,他们在公共食堂的餐盘不收,吃完饭起身就走;遛狗时,主人任由狗狗随地大小便却不收拾;去图书馆看书,把看过的书随手一放,不归原位;共享单车骑完就随便乱停。

制造麻烦的人很多,但愿意收拾麻烦的人很少,这就使我们的生活环境越来越糟糕,要改变这种现状,最好不要成为麻烦制造者,把自己的问题处理好,与人方便的同时,自己也安心。

以前听说日本的街道很干净,去了日本后发现的确如此,但奇怪的是街道上、景区里垃圾桶却很少,我作为游客来讲扔垃圾就不是很方便,那么日本人把垃圾都扔到哪儿去了?

后来我才知道,日本人外出时,几乎每个人的包里都装有专门放自己的垃圾的垃圾袋,在他们的观念里,垃圾不仅不可以乱扔,甚至是不可以扔进街上的垃圾桶的,因为为了节省这方面的开支,街道上不会放置分类较多的垃圾桶,这样会给环卫工人做垃圾分类时造成麻烦,而且一些垃圾会把垃圾桶弄脏,影响环境美观。

出门多带一个垃圾袋看似是件小事,好像做起来并不难,然而试问,让你天天坚持去做,你能做得到吗?我想大多数人很难做到,原因无非是我们心中根本没有"不把麻烦留给下一个人"这样的不麻烦他人的想法,人人都想图省事,最终的结果就是我们生活的都市虽然到处都是垃圾桶,但也满地都是垃圾，垃圾桶更成为人人都不愿触碰的肮脏之物。

说到这儿，我想起第一次住日本民宿时，晚上吃完泡面，我刚要把盒子放进垃圾桶，同宿的一位潮汕大哥赶忙制止我，说这些泡面盒子要用清水清洗一番才能扔掉。一开始我觉得日本人的规矩真多，真麻烦，可转念一想，他们大概是怕盒子里的残余汤汁洒出来，给收垃圾的人造成麻烦吧。

有人说日本人的这些行为，不是素质高，是不想麻烦别人，也不想被人麻烦，是冷漠的表现。日本人是不是真的素质高，我们不讨论，但不想被人麻烦，也不麻烦别人，确实是为他人着想的体现。很多时候，设身处地为他人想一想，自己多做一点点，可能就给别人节省了很多精力。别人这样做，也节约了你的时间。这些都是些举手之劳的小事，但如果大家都这么做，确实会省了很多不必要的麻烦。我们会夸一个人素质高有教养，什么是教养呢？说白了就是宁可自己麻烦点，也让别人"方便"。

工作上，我们常常抱怨别人做事不利落，自己得费尽心力地给别人收拾烂摊子，殊不知，我们对自己的放纵也常常给别人造成不必要的麻烦。

刚进入工作岗位的时候，我在业余时间开始写文章并不断投稿，不知是运气好还是什么，有几篇文章渐渐被选用了，陆续有编辑开始向我约稿，我心里暗暗得意。渐渐地，工作忙起来的时候写稿的时间就不那么够用了，为了节省时间，我码字的时候即使看见错别字也不会去修正，更别提检查"的地得"的错误了。我想反正编辑们会帮我校正的，我何必费这个时间？

一次，领导让我帮忙修改一份策划文案，我拿过来一看，文案内容如何先不说，满篇的错别字，有些句子甚至读不通，我得读好几遍才能理解意思，我心里想那个撰写文案的人也不知道顺顺句子，这样简直浪费我的时间，但我突然想起平时的我不也是这样做的吗？那些帮我校对文章的编辑不一样在收拾我给他们的烂摊子吗？我突然感到十分羞愧。

> 很多时候，我们对自己要求太低，对别人又要求太高。说到底，是没站在对方的立场上设身处地为对方着想。

我们通常对自己的要求很低，而对别人的要求很高，总能为自己没素质的行为找到理由和借口。后来我渐渐明白，职场中最大的美德就是做好自己分内事的同时，尽可能去做多一些事情，最大的差评就是"给别人增添麻烦"。无论做任何事情，懂得换位思考，避免给别人添麻烦，这既是职场原则，也体现了你的教养。

第一次见到我的外甥女儿童童的时候，她刚刚三岁。

见到我来了，她很兴奋，拉着我进入她的卧室，翻箱倒柜把她所有心爱的玩具都找出来给我玩，我也很高兴，陪她玩得很尽兴。到吃饭的时候，姐姐叫我们去吃饭，我刚要起身拉着童童去客厅，却见她一骨碌从地上站起来，把她的玩具一一收回箱子里。

看到这一幕，我真是非常惊讶，也暗暗惭愧，连我都没有把物品这样有条理地归位的意识，一个三岁小孩子却做到了，我赶忙上去帮忙，姐姐却在一旁说："没关系，让她自己去做吧，自己的事情自己做，不麻烦别人，童童可能干了，是不是？"童童听了，回过头甜甜一笑，点了点头。就这样，她自己就把满是玩具的房间又收拾干净了。我不禁佩服姐姐的教育方式。

自己的事情自己做好，不麻烦别人，三岁的孩子都能有这样的教养，有些大人却把自己分内的事推给别人，不免有些惭愧。

遇到困难时我们难免想向他人求助，但是自己都嫌麻烦的事，对于别人来讲更是大麻烦，因为这种麻烦是额外的。有时候，求助不是错，然而不麻烦别人也是一种选择，当我们选择了独自承受，选择了成全他人，这就是一种高贵的品格，是良好教养的体现。

> 自己的"烂摊子"尽量自己收拾，不给他人添麻烦，问心无愧，就是好教养。

Part 4

有修养的人不会败在情绪上:
控制好情绪,就能控制好人生

要做情绪的统治者,而不是情绪的奴隶

人的一切情绪,
本质上都是对自己无能的愤怒。
再有教养的人也会有情绪不佳的时候,
但他们懂得控制情绪,做情绪的主人。

人生从不会一帆风顺,谁都会有处于低谷的时候,如果你在低谷时任由自己沉溺其中,那你可能永远没法前进。对于很多当时看起来好像永远无法摆脱的负面情绪,总是在时过境迁之后,我们才会发现原来这些都是纸老虎,可是当你被拦住时,是不是害怕了呢?

从前,有个佛陀化缘途中经过一个小村庄,他本想停下讨一杯水喝解解渴,却不料被一些村民嘲笑讽刺,甚至有的还说出一些侮辱性的话语。

本以为佛陀会生气,没想到的是他站在旁边,静静地听了一会儿后,然后说:"谢谢你们,施主们如果没有事,我就赶往下一个地方了。"

其中有个村民听完他的话惊呆了,他没想到佛陀在听完这种话之后还能如此淡定,觉得非常不可思议,于是说:"难道你耳朵聋了?听不见我们在骂你么?"

佛陀听完,淡淡一笑,接着说:"我为什么要生气?你们的嘴巴说出恶毒的语言,我不会被你们的嘴巴所控制,更不会被你们的坏情绪所影响,也不会做出反应。我是情绪的主人,不是情绪的奴隶。"

佛陀懂得控制自己的情绪,不和讽刺嘲笑他的村民计较,体现了他管理情绪的能力,也展现了他的良好修养,让那些嘲讽他的人自惭形秽。

章子怡曾因《卧虎藏龙》里的玉娇龙一角一炮而红,可是后来在接受采访时,她却说拍《卧虎藏龙》是很痛苦的经历。那时她承受着巨大的心理压力,曾一度想放弃,如果不是她那股不服输的劲儿激励着,恐怕就坚持不下来了。

章子怡说，自己其实并不是玉娇龙的第一人选。当时，李安导演在她之前已经找过无数个演员演玉娇龙，最后虽然勉强定下她，却也随时都有被换掉的可能。顶着这样大的压力，从来没有拍过武侠片和古装片的她每天如履薄冰，不怕苦不怕累地拍戏，只为了得到导演的肯定，可是导演似乎永远对她不满意。章子怡回忆说，那时候每天又苦又累，可是导演从不鼓励她，别人演得好了，导演就会给个拥抱，可是导演在拍摄过程中从来没有拥抱过她，这让她很难过。

李安也从不指导她的表演，他只是让她一遍一遍地拍，经常是拍了十几遍之后，才跟她说要第几遍的开头，第几遍的中间，第十几遍的结尾。她想判断自己的表演有没有达到导演的要求，只能通过观察导演看监视器的表情。那段时间，她很委屈，也很不服气，但她没有发脾气，没有抱怨，她拼尽全力要演好玉娇龙，后来的结果也证明她的一切努力都是值得的。在杀青的那天，导演终于拥抱了她，而她号啕大哭。

> 学会做自己情绪的主人，而不是它的奴隶，试着去调节自己，抑制住心中的暴风骤雨，终会迎来彩虹万丈。

在消极的情绪快要将她淹没时,她凭着一股不服输的劲儿克服了压力,把压力化为动力,在觉得委屈、不服气时,她不抱怨,而是加倍努力。正是有了这种懂得控制情绪的能力才有了《卧虎藏龙》中锋芒毕露的玉娇龙。

情绪,对人的影响是非常大的。积极的情绪可以让你事半功倍,消极的情绪却容易使你走入困境,甚至影响前途。学会察觉自己的情绪变化,努力排除消极的情绪,才能让你走得更远。

周末,我与朋友小丹一起去逛商场。她接起一个电话,突然间脸色僵住了。我听到电话那头,好像是她老板严厉斥责的声音。

挂了电话,她连忙跟我说抱歉,说不能和我逛街了,要处理一些事情,叫我先逛着或找个地方坐一下,如果实在无聊的话可以先回去。说完便找了一个能坐下来的角落,开始发邮件,打电话。她声音有点颤抖,泪水也在眼眶里打转,看得出来她很难过,却还是强加镇定,接连打了五六个电话,细声细气地先对在周末打扰对方表示抱歉,问现在说话是否方便,得到理解后开始和对方说,我们这件事出了什么问题,现在给您提供几个解决方案,您看这些要怎么办……她说话礼貌周到又有条不紊,完全听不出慌乱和刚哭过。

等到事情处理完，她舒一口气，呆坐半晌，才对着我，大颗大颗的眼泪掉下来："我犯了个很严重的错误，不知道这份工作还保不保得住。"

听她说，第二天她确实被老板叫去谈话。她战战兢兢地坐下，老板却温和地说："你这次虽然出了问题，好在迅速处理，客人对你的处理方式很满意，也算是功过相抵。况且在那种情况下，你还能有条不紊地把事情先干好，也是个人才。就踏踏实实工作吧。"

说到这里，小丹满脸感慨。她说，除了再不犯同样的错误外，自己也被上了很生动的一课。原来懂得控制情绪，也会获得别人的欣赏。

这件事，小丹给我留下了深刻的印象，不只是面对自己的错误、老板的斥责，能控制情绪，保持冷静，找到解决的办法；更是在她自己面对紧急事情时，仍能考虑到身边人的感受，先为不能跟我逛街道歉，还在为我考虑，和客户打电话也是先问对方是否方便，怕打扰了别人。

生活中，负面情绪总无时无刻不影响着我们，愤怒、恐惧、悲伤……这些情绪总是扰乱我们的思绪，使我们不理智，甚至会在这些情绪下说出一些不恰当的话，做出一些不合宜的事。所以，一定要控制自己的情绪，当发现情绪有问题时要及时排解，千万不要让情绪影响自己的判断，让自己成为情绪的奴隶。

学会控制情绪，管理情绪，是良好教养的体现，而在情绪不佳时仍能注意自己的言行，才是真正的教养。

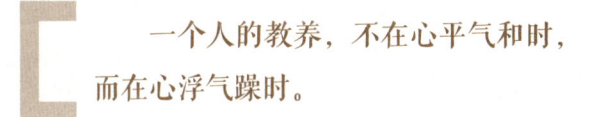

> 一个人的教养，不在心平气和时，而在心浮气躁时。

别让情绪失控害了你

爱默生

凡是有良好教养的人有一禁诫：
勿发脾气。

人的情绪一旦失控，大脑就很难正常地运转，说出的话、做出的事往往不受控制，事后回想总是很难理解自己的行为，甚至抓狂。"我是疯了吗""我怎么会说出这样的话""真想找个地缝钻进去啊"……可是下一次情绪失控，我们可能还会做出同样的蠢事，因为那时的我们已经失去了理智。

不要小看情绪失控，很多人就是因为控制不了情绪而得罪甚至伤害了他人。情绪失控会引出你内心的魔鬼，暴露你教养的不足，让你被人敬而远之。

一次活动上，坐在我旁边的是一个文创企业的老板，设计师出身，带了一个年轻女员工。准备吃饭的时候，大家交流创业心得，女孩开始低头玩手机。

看到员工这么不给自己面子，他的心里突然升起一阵怒火，于是朝女孩子怒吼道："你就不能不玩手机吗？"他的声音大到我们都能听到。"怎么了，菜不是还没上吗？我看看我的手机怎么啦，这是我的权利。"女孩脸一红，感觉面子上有些挂不住，于是据理力争道。"要再玩手机你就出去！"他更生气了。大家纷纷劝解，心想这都什么事儿啊。

明显女孩子的情绪也上来了，回应道："走就走，等我拿了年终奖就辞职，没有见过你这样专制的老板。"

好好的一顿饭，因为两个人都没有控制好情绪，丢掉了教养，最终闹得不欢而散。这位老板在饭桌上，做出这样的行为确实让大家见笑了。而这位女员工，因为自己情绪失控，就不只丢面子了，接下来丢的应该就是自己的饭碗了。

如果两个人都不是那么容易冲动的人，事情也许完全就是另外一番局面了。与工作伙伴、客户一起吃饭，低头玩手机显然很不对。然而,老板采用了不恰当的说话方式,不仅导致自己失去了一个员工,更使这位员工因为反感老板的情绪失控,而失去了反思的机会。

如果这位女员工能感激老板的提醒,而不是针锋相对,相信一定能学到很多有用的知识,而不是让自己丢了面子和工作。

很多时候,如果我们在情绪失控时暂停一下,或者想一想还有没有别的解决方案,也许自己就会走入另一种境界。这样既容易使人接受,又展现了自己的修养、气度。

> "如果把利益散发出去,实惠就会返回我们身边;把怨恨散发出去,祸害就会返回我们身边。我们散发什么出去,就能从外界得到什么样的回响。这就是人情世故。因此,睿智的人会谨慎地选择散发什么出去,不散发什么出去。"

上面冲动失控的情况，在婚姻里也很常见。结婚纪念日当天，我因超负荷的工作而心烦不已。下班回到家时，丈夫忘了买我最喜欢的花，当我看到他手里的玫瑰花时，积累了一天的火气就上来了，吼道："都跟你说了多少次了，我最喜欢的花是百合而不是玫瑰。你不记得也就罢了，又不像别人那么能赚钱，害得我这么辛苦地工作。"本来丈夫还有些内疚，听到我这样说，瞬间化为了愤怒："你这个人完全不懂得感恩，觉得我不行你就去找别人呀。"本来好好的纪念日，却因为我一时的情绪失控，差点儿演变成了离婚战争。

很多时候，我们都忽视了被一时的情绪左右所带来的巨大破坏力。我们渴望用情绪的发泄让别人理解我们，尊重我们，但是真正让别人理解的方式并不是简单的情绪宣泄。

一时的情绪宣泄可能会将我们的沟通带入绝路。说话做事情之前，三思而后行，想要发泄情绪的时候，控制一下自己再行事。

做情绪的主人，别让情绪害了你，别在情绪下丢掉教养。

大学刚刚毕业的时候，我做一份文秘的工作，公司有固定编制，看似体面的工作，但却因为整日工作内容单一重复，让刚刚毕业的我有些受挫，碰了几次壁之后，我最初的锐气消失得无影无踪了。

在单位里我无所事事,任务固定,大家完成领导安排的工作后就不知道做什么了。每天晚上回到和校友合租的小屋子里,我就开始抱怨。更多的时候,我们几个人都一言不发,各玩各的电脑,看电影、泡论坛,大家都愁眉苦脸,焦虑地度过了一夜又一夜。

最焦虑的时候,我不断刷招聘网站,但是又因为和公司签订了协议,没法离开。对现实的种种无望,让我不断找男友哭诉,最初他还会安慰我,次数多了就有点儿不耐烦了。

有一次,他难得回来看我,我又向他哭诉,男友有些疑惑地对我说:"你每天在这里抱怨,陷入消极情绪中无法自拔,为何不干点儿实在的事情呢?我记得你以前在学校的时候写了那么多文章,现在很久没有动笔了吧。"是啊,以前在学校的时候我被称为"小才女",现在是怎么啦,我决心改变这种现状。

男友回去后,我开始尝试写文章,一篇又一篇,抛开写作之路的辛苦,其他的事情都还算顺利。我很快有了自己的专栏,也有了自己喜欢的新工作。

后来我发现,其实我根本没有必要让自己陷入不可自拔的消极情绪中。烦躁、抱怨没有任何意义,努力去改变才是真。

现在看来，那些抱怨、焦虑、抑郁、互相吐槽是最没有用的，这些坏的情绪在消耗我们的教养。不要把时间浪费在坏情绪上。节省那些唉声叹气的日子，去做改变，越早越好。

在情绪失控时，深呼吸，强迫自己冷静下来，会发现事情并不是真有那么糟糕，换个角度，那些不良的情绪就会得到缓解，我们也会从中学到东西。情绪失控，胡乱发泄，除了暴露我们教养的不足，没有任何的益处。

> 那些花了很久积累的习惯，形成的修养，总是会被偶尔的情绪失控全部打翻。那时我们不只丢掉了修养，还丢失了自我。

有一种病是"我只对亲近的人发脾气"

我们总是容易随便对人发脾气,
而发脾气的程度和杀伤力,
与对方和我们的亲近程度成正比。
好好对待我们亲近的人,才是真正的教养。

我们总是把最温柔的一面展现给了外人,而把坏脾气留给了家人。然而,最好的教养,不只是对陌生人彬彬有礼,更重要的是要尊重自己最爱的人。

在面对我们最亲的人时,我们总是缺少耐性,容易发脾气。电影《饮食男女》中表现的父亲老朱和二女儿的关系就是如此。当女儿趴在桌子上睡觉时，晨跑回来的父亲拍醒女儿说："跟你说过多少次，趴在桌上睡对你不好。"而睡眼惺忪的女儿并不领情，反驳道："医生说跑步对你膝盖不好，那你还跑？"父女俩的关系就在这样你来我往的揶揄和争吵中慢慢磨合。当父亲不支持女儿学厨艺时，女儿便摆出一副难看的脸色，挑剔父亲味觉失调，厨艺退步。

我们为什么会对亲人发脾气呢？大多是因为对方给自己的压力太大或束缚太多，抑或是对方常常让自己失望。还可能因为安全感，因为知道亲人不会失去，不会计较，所以肆无忌惮。

在这个大千世界中，亲人是我们的保护伞，护着我们一路前行。但他们也深知我们的软肋，一言一行总能击中要害，轻易引起我们的焦虑，让我们崩溃。所以，向亲人发脾气变得难以控制。

朋友阿圆在圈里是出了名的好脾气，当大家坐在一起，对那些不平之事义愤填膺，或者因为身边的一些小事儿而感到恼火时，唯独她没有一丝愤怒。有一次，因为工作中的一些小摩擦，同事向她发难，甚至恶语相向，她仍然淡定如常。

我由衷赞赏她的好脾气,而她则向我无奈地说道:"好脾气都留给了他人,而坏脾气都留给了家人。"面对我的惊诧,她解释道:"对于不熟悉的人不管发生任何事情我都不会计较,因为我对这些从来都不在乎,不管是误会,还是不理解,我都不在意。可是在最亲的人面前却不是这样,爸妈不理解我,我会反驳,甚至发怒,我老妈有时半真半假地说我'不孝',事后仔细想想还真的是。有一次回家,她又催我结婚生子,每次谈到这个话题,都是以我对她大发脾气而结束,看着老妈失落伤心的样子,其实我也很难过,可是脾气一上来就是忍不住。"

很多时候,我们之所以伤心是因为用了心,我们之所以对家人发脾气是因为我们对家人的期许比别人要高,由此一来我们会计较、会生气。

小时候,在去学校之前,我总喜欢把一些与学习无关的东西装到书包里,然后试探性地问妈妈:"我能带这个小熊玩具去学校吗?我能带些零食到学校吗?"

妈妈看着一直磨磨蹭蹭的我,总是很严厉地说:"这些东西不能带,赶紧收拾完出门,再不快点就迟到了。"这个时候的我总是很不甘心,总会趁妈妈不注意,偷偷摸摸往书包里塞东西,如果被发现了,我会很不情愿地掏出来,放在桌子上，走的时候，一步一回头地看，然后被妈妈一把拉出了门。

读大学那会儿，每次离开家回学校，妈妈总是想方设法往我的行李箱子里塞东西，像煮熟的鸡蛋、牛肉干、花生之类的。虽然这些东西到处都能买到，可妈妈总觉得只有她给带的才是最好的。每当这时，我总是站在一旁一再提醒：这些够了，真的够了，再往里面塞，箱子就盖不上了。

工作之后，每次逢年过节回家，我喜欢给家里买一些东西，不过走的时候，妈妈总是要给我带更多的东西。一些花生、核桃、红枣，每次塞到我包里后，我都会拿出来，然后很不耐烦地说："这些都不用拿，你们留着吃吧，在北京什么不能买？非得从家里带？"这时妈妈总会讨好地说："都拿着吧，这些都是自家种的，比外面买的要干净，更好。"然后趁我不注意，偷偷摸摸、小心翼翼地塞回去，生怕我嫌烦，怕我生气。

小时候，我们要看父母的脸色；现在，父母老了，却要看我们的脸色了。

> **深到骨子里的教养，是好好对待自己的身边人。因为他们对自己的好，同样是深到骨子里的。**

一大早到公司，没坐下几分钟，妈妈打来了电话："我看天气预报说，北京雾霾很厉害，你出门戴口罩了没？记得外出时戴上，还有多穿点衣服，天气冷可别冻着，自己一个人在外面要对自己好一些，想吃什么就买什么，千万别亏自己……"我有些不耐烦："行了，行了，我知道了，我要忙了，先挂了，等空闲时我再给你打电话。"很多时候，我没觉得自己的做法欠妥。

在家时，我喜欢看电视节目放松自己，当看到一则公益广告时，我突然之间泪崩：

妈妈给孩子打电话，电话那头各种不耐烦："你怎么又给我打电话了？我忙着呢。""我先挂了，等一会儿给你回电话。"明明上网玩游戏，接到妈妈打来的电话却很敷衍，说自己忙，虽然儿女的态度很冷漠，而妈妈却说："现在跟孩子说话要很小心，生怕惹孩子不高兴。""现在的孩子压力大，对我们发脾气也没关系，只要宣泄出来就好。"

父母的爱，不计得失，不求回报，无论电话那头的我们语气有多么不耐烦，他们都很少生气。但他们的爱并不是我们肆无忌惮的理由，随着年龄的增长，我们更应该懂得管理自己的情绪，懂得怎样爱人。我们总是以为熟悉的人就不再需要关心和爱护,所以以最不耐烦的姿态来面对最亲近的人,不知不觉中,我们就把自己最没有修养、最糟糕的一面给了我们最爱的人。懂得爱人的人,不仅是心里真正有爱,更会表达爱,这样的人,对待他人,不管是熟悉的还是陌生的,都是一视同仁的。

> 对亲近的人挑剔是本能,但是克服本能,就是一种教养。

很多时候,激怒你的,并不是事情本身

情绪是我们对自己想法、
对别人想法、对世界想法所引起的反应。
一个人不可能在没有任何想法之前便有情绪。
所以,很多时候激怒我们的并不是事情本身,
而是我们对事情的想法与看法。

《庄子》中有这样一个故事:在大雾弥漫的河面上,一个船夫划船逆流而上。忽然,他看到雾中有一艘船正向他驶过来,他大喊让对方闪避,但是船还是撞上了他的船,当他正想破口大骂的时候,突然发现那是一艘空船,于是他的怒气慢慢平息了下来。

有时候，能够激怒我们的不是某件事，而是我们对某件事的想法，就像这个船夫，当他认为对面的船夫不听他的喊话，直直地撞上他的船时，内心顿时点燃了怒火，可是发现船上没人，船是不得已撞上时，他的怒火就慢慢消失了。其实，他气的不是不避让的开船的人，而是来自这个人真是讨厌的想法。可见情绪并非不可以控制，决定一件事情能不能激怒你的不是别人，正是你自己。

几天前，和一位同事一起到公司附近的电影院看电影，距离电影开场还有四十多分钟的时间，同事突然想起有东西落在办公室了，于是回去拿东西。我一个人无聊地坐在等候厅里，我扫视了一下周围，我的对面是一位西装革履、举止优雅的男士，后来又来了一对小情侣，他们坐到了我旁边的位置上。我扫视一周之后没有发现感兴趣的事情，于是便低着头玩手机。

刚开始这对小情侣并没有引起我过多的关注，直到后来，他们说话的声音越来越大，我不由得抬头去看。当时，那个女孩正亲昵地窝在男孩的怀里，吵闹着要吃哈根达斯。后来，两个人一起出去买了，原本以为两个人就此消停，没承想两人越闹越厉害，女孩说话的声音越来越大，整个等候厅都充斥着两人的声音。我抬头看了一眼对面的男士，他恰好也抬起头来看我，我们默契地交换了一个无奈的眼神。之后，那位男士又对我从容一笑。

过了几分钟,我实在忍无可忍了,对两人愤愤地说:"知不知道这里是公共场所,知不知道在公共场所叫嚷是一种很没教养的行为?"两人有些呆愣,男孩有些脸红,女孩则小声嘀咕了一句:"管得着吗?"一听这话,我的怒气又上了一个等级,我有了想揍人的冲动,这时那位男士走了过来,轻轻拍了拍我的肩膀,示意我冷静,然后用温和的语气对那个女孩说:"你身后的小男孩一直都在看着你,最起码你要为他做个好榜样,因为你是个大人。"

女孩回头看了一眼身后的小男孩,小男孩眨巴着眼睛说:"姐姐,我们老师说过,在公共场所要保持安静,吵闹会影响他人,是一种没有教养的表现,这样的孩子没有人会喜欢。"女孩听后脸一红,拉着男朋友马上离开了。我看着眼前自始至终都没有抱怨和流露出一丝不满的男士,再看看旁边小男孩那张纯真的笑脸,心里的怒火不知道什么时候已经消散,整个人一阵清爽。于是,我对这个情绪消散的过程进行了反思,最终我惊奇地发现,并不是女孩的吵闹激怒了我,而是我自己放任情绪的结果。试想,如果当时的我心态从容、平和,那么是否就能更好地解决问题?我想一定是这样的,因为最终让我从愤怒中走出来的是那位平和的先生,还有那个心灵没有丝毫尘埃的小男孩。

在之后的生活中，当我遇到相似的境况时，我会先告诉自己：这件事情激怒不了你。无论生活中遇到任何事情，我们都应该做到控制自己的情绪，不发火，不生气，不随便指责别人没教养。当然，面对他人的指责，不轻易动怒，这不仅是一种高明的处世智慧，更是一种做人的修养。

小倩前一段时间因为表现良好升职加薪，她的一位同事为此愤愤不平，因为在她看来，小倩进公司时间短，没有自己的资历深，是不够格升职加薪的。因为愤愤不平，这位同事到处造小倩的谣，说她在公司有背景，说她凭借自己的姿色上位，说她使手段会笼络人心……不管对方说什么，小倩都置之不理，把对方当成空气，一拳打在棉花上的感觉并不是很好，对方对此咬牙切齿、变本加厉。

> 很多时候，事情本身不会激怒你，激怒你的是自己对事情的想法与看法，想法变了，感觉自然也会发生改变。

小倩的一位同事看不过去了，有些打抱不平，说："你怎么这么好脾气，你倒是反驳几句，怎么还任她如此嚣张！"她微笑反问："如果你送礼物给别人，别人不接受，该怎么办？"同事有些懵，这都是哪儿跟哪儿，不是说回击的问题吗，这跟送礼有什么关系？同事一头雾水，但还是回答了问题："既然人家不要，我当然要拿回来。"小倩柔声说："同样的道理，她对我恶语相向，但我不接受她的恶意，那她所说的那些恶毒的话，自然都要自己拿回去，那她就等于是在给自己找不痛快。"同事静下心来想想也是，每次小倩不回应对方的指责时，气得跳脚的都是对方，而且办公室的同事都看到了她的丑陋嘴脸，开始对她敬而远之，没有人相信她说的话。同事不由对小倩高看一眼，她从来只以为小倩是一个有能力的人，没承想她还是一个有内涵、有修养的人。

在我们的生活中，总会有人对你说三道四，总会有人对你指手画脚。我们要做的就是，学会不发火、不生气、不在意，约束好自己，做好该做的事情，走好该走的路，用生气的时间去做有意义的事情，你的教养会在无形中显露出来。

在我们的生活中，激怒我们的往往不是事情本身，而是我们对这件事的看法。一个人，能够容忍别人的固执己见、傲慢无礼、嚣张跋扈，需要很大的胸怀。我们常常因为自私而给自己带来致命的伤害。

　　人生短短数十载，我们到底该如何度过呢？有些人，遇到一些事，就把自己的心禁锢在牢笼之中，整天眉头紧锁、苦大仇深。其实你只要走出去，就会发现事情并没那样严重，换一个角度，一切都会不一样。只要我们试着转换对事情的想法与看法，就没有什么能激怒我们。

> 没有愤怒的人，只有愤怒的想法。如果你是愤怒不平的，那都是你自己所创造出来的。

为什么不能放过自己?

教养是对自身的严格要求,
也是对他人的包容体谅。

如果是已经过去的事情,就没什么不能忘怀,既然是已经放下的事情,又何必总是提起?很多时候我们活得不开心的原因,不是我们记性太好,是我们不懂得放下。别人无意间的一句话伤害了我们,我们久久不能释怀;家人、朋友做错了一件事,我们沉浸在伤害中,不能原谅;对一些人的恶言恶语、不礼貌行为，我们气愤难平，想起来就压不住怒火……

这些事压在我们身上，是别人的过错，但我们有时候却拿这些惩罚了自己。退一步海阔天空，很多时候我们没必要斤斤计较谁对谁错，谁有教养谁没教养，宽容他人，懂得放下，也是一种教养。

胡歌主演的电视剧《大好时光》里有一段让我印象深刻，他对于抛弃他们父子、远走高飞的母亲一直心怀怨恨，认为自己一辈子都不会原谅这个女人，然而在他遭遇飞机事故时，想到的却还是那个他一直憎恨的母亲，于是，他在纸条上写下的、最后的遗言竟然是"我还想再叫你一声妈妈"。

原谅了别人，是宽容了他人，也是放过了自己，大家都轻松。要不有些事情一直压在心里，双方都深受其害。

> 有教养的人，会包容社会的多样性，理解每个人的苦衷，不会去强迫所有人和跟自己一样，也不会把这种强迫当成强项沾沾自喜。

早上上班,坐地铁下车的时候,被挤上来的人结结实实踩了一脚,差点赶不上下车。不由十分气愤,不先下后上,一直挤,踩到别人脚也不知道道歉,真是越想越气愤。嘴里喊着"有没有素质啊"挤了下来,开始各种感叹这个城市的素质低下。想着一定要写篇东西,讽刺社会上这些没有素质的行为。

可当开始写这本书,说到这件事时,开始觉得,多么小的一件事,我竟然记到了现在。早高峰,大家都赶时间,难免有一些拥挤、摩擦,过去了就过去了。当我讽刺别人没有素质的时候,自己又何尝表现出了素质呢。

想起来了大学时的一件事。大学的时候,我们学院有个教授,温柔和蔼,讲课幽默风趣,偶尔有些学生迟到,课堂上讲话、睡觉,他从不发火,但总有办法叫我们难忘。当时我在科研社,教授是我们的指导老师。

一次完成了一个很重要的实验项目,我们社团的一些学生和教授,还有几个我们不同专业的导师一起吃饭。饭前大家因为网上流传的一些中国游客在国外的一些不文明行为,展开了关于素质、教养的讨论。一群年轻人,意气风发,愤青居多。大家七嘴八舌地说着自己认为没教养的行为,从在旅游区乱写乱画到在公众场所抽烟再到吃饭。教授一句话没说。

一位姑娘说她吃饭就受不了别人吧唧嘴,又有人说,我们那吃饭人不上桌,菜不齐是不能动筷的,大家都点头应许,我也搭了声。

所有人等到菜齐了,跟服务员确定已经没菜可上了,于是动手吃饭。就在这时,我们这位平日里面最和蔼的教授,说等等。他笑容满面,拿了一个盘子,在几盘菜上各夹了一点菜,又叫服务员上了一碗米饭,随后笑着说:"你们吃着,我去外头随便吃点,我吃饭吧唧嘴,怕碍着你们。"说着就出去了。当时包厢里头那种尴尬,如今我也记得清楚。后来导师们都出去劝了,教授依旧没有回来,我们就在无比尴尬的氛围中吃完了饭。第二天大家一起做实验,我们这个教授,依旧耐心指导我们,项目有什么需要改进的也是知无不言言无不尽,并没有记仇的现象也没针对谁。之后社团聚餐他也从来没有缺席过,吃饭斯文得体,别说吧唧嘴,连筷子放到碗上的声音都没有,整个一个儒雅绅士。

当时我始终不明白,那天我们温柔和蔼、从不露任何锋芒的教授为什么会那样。他明明吃饭不吧唧嘴,我们也没说错什么,吃饭吧唧嘴儿确实是不好的行为啊,那他为什么离席呢?思来想去,怎么都不明白,后来我去问教授,他也没仔细说,但我倒是从那以后不敢随便说别人的行为没教养了。

多年以后，想起那顿饭，想起教授的行为，我突然明白了，他这是在用实际行动给我们上课啊！

我们为别人的过错耿耿于怀，因为别人的行为不符合自己的标准就蔑视，因为别人说重了一句话就觉得别人没教养。殊不知，真正的教养，是懂得宽容，懂得放下，而不是以教养的名义斤斤计较，去苛责别人。

人生短暂，岁月的河流悄然流过，很多记忆都会被奔流不息的波涛淹没，你又何必硬要去打捞呢？很多时候，我们只有放过自己，才能获得更多的机会。

> 一个人的教养是对自身而言的，并不是对他人而言的，我们可以用教养约束自己，却不能以教养为名要求他人包容你而改变自身，因为这本身就是没有教养的行为。

职场中，会控制情绪的人才能被委以重任

遇到一个问题的时候，
一定要以解决问题为前提，
而不是以发泄作为自己的唯一选择。

职场中有这样一群人：他们总是抱怨领导不公平，却没看到同事的优秀；抱怨领导不理解自己，却从没想过站在领导的立场想问题；抱怨领导忽视自己的困难，否定自己的努力，却从来不反思自己到底做了多少。于是领导一批评，他要么立刻就"火"，要么立马就"蔫"，情绪忽上忽下，难以

捉摸，这样的人，哪位心大的领导敢对他委以重任呢？

我有个朋友是某大公司公关部门的培训主管，一起吃饭的时候，他跟我说他开除了一个实习生小A，原因是顶撞上级，不完成任务，最重要的是越界。

我一听，这三条全是职场大忌，便问："这不是理所应当要开除的吗？你有什么郁闷的呢？"

朋友说，其实小A能力不错，很聪明，做事很有效率，工作完成的都很出色，只是有些刺儿头，很像当年初入职场的自己，所以他心里对小A颇为偏爱，想好好培养一番，培养成为自己的助手。那天他故意将任务布置得多了些，想看看每位实习生面对不可能完成的任务时的处理方式，他一边慢条斯理地布置任务，一边观察实习生们的表情。果然大家听着听着都开始面露难色，只有小A按捺不住，几次要打断他，朋友没有允许小A说话，直到布置完才道，有什么问题吗？现在可以提出来。其他人都没吭声，小A一下子站起来义愤填膺地说："我知道实习期间淘汰率很高，但您也不必用这么下作的手段淘汰我们吧，任务这么重，时间这么短，我们肯定都完不成，这种淘汰方法有意义吗？"本来只是一个测试，被小A这么一闹，场面一度很尴尬。朋友对小A这种冲动，不懂得控制情绪的行为很是失望。

到了下班时间,所有人上交成果,没有人能完成任务,甚至有人只完成了三分之一,朋友万万没想到的是,实习生中竟然有一个人一点任务都没有完成,这个人就是小A。这还不是让他最愤怒的,小A竟然趁他不在的时候擅自打开他的电脑,调取资料,而且"误删"了他的一些重要文件,这简直让他愤怒到无以复加的地步。这批实习生已经跟了他将近半年,相互间有了些感情,而且已经淘汰得差不多了,他没想通过这次测试刷人,没想到小小的"为难"竟然让对方起了破罐子破摔的心理,离开前这样报复他。我听得目瞪口呆,能进入这种大公司实习的人心理素质竟然这样差,而且完全不懂控制自己的情绪,毫无理智地做出这样的报复举动,实在是损人不利己。朋友听完小A的解释,并没有斥责他,只是淡淡地说:"你被淘汰了。"

> 一个成熟的人,无论情况多糟糕,都要守住分寸;无论心里多愤怒,都要拿捏住尺度。因为你坚持的不只是礼貌,而是立世为人的品性。

听朋友说小A后来找工作四处碰壁，每个工作都做不长久，朋友口气里有惋惜，也有恨铁不成钢吧，本来聪明能干的青年，却因为丝毫不懂得控制情绪，造成了这种结果。这不懂得控制自己的情绪背后，绝对是缺乏教养的体现——出言不逊又恶意报复。

人生不如意十之八九，没有什么事是一帆风顺的，既然如此，我们能做的就是不断增强自己的抗压能力，提高自己的"挫折商"，控制好情绪，以迎接更大的挑战。成功的秘诀就在于懂得怎样控制痛苦与快乐这两种情绪，而不是被这两种情绪所控制。如果你能做到这点，就能掌握自己的人生；反之，你对人生就无法掌握。

职场中并不是你站得越高所受的委屈越少。真正走得远、站得高的人，他们不是没有受委屈，而是比别人更能消化。不要在盛怒之下说出一些没有教养的话，这只会使别人对你的印象大打折扣；也不要喋喋不休地四处倾诉和怨声载道，要将委屈转化为成长和进步的动力，若把体会委屈的时间用来自我反省和提升能力，那么受的委屈就会越来越少；若一味沉浸在委屈中难以自拔，心生怨恨，我们势必会裹足不前，与理想背道而驰。只有能够控制情绪的人才能成为强者。

所谓控制情绪，就是要让自己冷静下来，除了不与人做无谓的口舌之争外，更重要的是要有条不紊地处理紧急状况，避免忙中出乱。这一点我自己深有体会。

有一次，在定我们公司新产品的尺寸时，我在数据库找到的数据显示该系列产品中前两款产品尺寸竟然不一样，这让我十分吃惊。因为要立刻定尺寸，所以我又匆忙核实了一遍前两款产品的信息，确实不一样，之后我就急急忙忙地向领导汇报。这件事引起了不小的风波，领导非常生气，叫人找来实物现场比较、测量，结果发现尺寸并无误差，我瞬间尴尬了。由于不冷静，我竟然只相信手动输入的数据信息，而没有想到核实实物就向领导汇报，实在是狠狠地丢了一次人。这件事给了我很大的教训，事情不分大小，不冷静地处理一定会导致失败，差别只在于损失多少。职场中，没有领导会愿意将一个不冷静的人安排到重要的位置上，那只会增加损失罢了。

希腊悲剧作家欧里庇得斯说："机运永远战斗在谨慎者一边。"不管身处怎样艰难的境况，冷静谨慎地应对是我们要做的。在成功的道路上，最大的敌人不是对手，而是我们常常缺乏对自己情绪的控制。要控制情绪，保持冷静，我们通常还需要一点乐观精神，在艰难中保持旷达的心态，就是一种成功。这种心态源于自信,也会增强我们的自信,并传染给周围和我们并肩作战的人,形成良好的循环。

但要记得,无论是哪一种情绪,在过度释放时都会带来一定危害。如果你不能控制情绪,那么它便会成为消磨你意志的猛兽、毁掉你前途的黑手。

> 一个能控制住情绪、掌握好分寸的人,他的修养和人品必定高于他人,这样的人能走得更稳,更远。

约会大作战，你已经被看穿

我们不一定嫁给爱情，
却一定要嫁给教养。

当你遇到一个心仪的人，会迫不及待地想跟他接触、认识、交往，希望他能够成为你的另一半。我想，如果对方答应了你的邀约，你一定会兴奋得笑出声来，但是不要心急，约会也有着许多讲究，它会暴露你的教养和品质，会直接影响约会对象对你的印象。

朋友Ａ先生最近为感情问题苦恼不已。不久前他认识了一个姑娘，两个人相谈甚欢，打算进一步了解对方。于是Ａ先生特意在高档餐厅订了位子，希望能给对方留下好印象。约会当天，Ａ先生穿戴整齐，看起来格外精神。见了面，Ａ先生十分体贴，对姑娘嘘寒问暖，举手投足间都透着绅士风范。女孩也对他的表现十分满意，笑意盈盈。

上菜时，服务员不小心打翻了酒杯，酒溅到了女孩身上。Ａ先生想，这可是"护花"的好机会，于是站起来极为嚣张地对服务生劈头盖脸地痛骂。虽然姑娘并没有将这件事放在心上，可Ａ先生依然不依不饶，说得服务生面红耳赤，连连鞠躬道歉。女孩对Ａ先生的举动十分不满，打圆场化解了此事。

Ａ先生也察觉到了女孩的心思，觉得自己破坏了开始的绅士形象，想等待时机再表现一番。没过一会儿，朋友打来电话。Ａ先生琢磨这是挽回形象的好机会，就和朋友聊了起来，通过和朋友的对话表现自己多么有能力，家境多么好。两个人聊得热火朝天，渐渐地音量也越来越大，静谧的西餐厅只听见Ａ先生讲话的声音。

面对Ａ先生的举止，女孩觉得十分丢人，心里越发不满，草草吃过饭就找个借口离开了。Ａ先生自知是"偷鸡不成蚀把米"，想解释又不知如何开口，原本两个人能够进一步交往，现在却成了他一个人的单相思。

其实越是细微的事，越能体现出一个人的教养。当酒水溅在女孩衣服上时，如果 A 先生立即帮她擦干净或递上纸巾加以问候，提醒服务生动作小心，便能够得到对方的赞赏，可是他一味地指责服务生，这样的举动反而会让人觉得没有绅士风度；而后来的自吹自擂，更让他像个说大话、浮夸的人。尤其在公共场合，大声打电话本就不礼貌，再加之一味地夸耀自己，尤其会让人觉得缺乏教养，女孩提前离席也是情理之中的事。

朋友 J 小姐最近终于交了一个男朋友 C 先生，我们在为她感到高兴的同时也很好奇究竟是一位什么样的男士能打动她的心，毕竟她的前男友和之后的几个相亲对象在我们看来条件都不错，和她很般配，却好像都不能打动她，但是自从认识了 C 先生，我们明显感觉出，J 小姐动心了。

当我们问起时，J 小姐淡然一笑，讲了两个他们约会时的小故事。

他们第一次约会是约在 J 小姐下班的时候，C 先生去接 J 小姐下班，没想到突然下起了大雨，C 先生没有带伞，两人只好共用 J 小姐平时用的小伞，那天 C 先生为了让自己看起来郑重一些，穿了一身昂贵的西装，但是在打伞的过程中他总是把伞举到 J 小姐一边，结果 J 小姐完全没有被淋到，他自己的西装上却落满了雨水,这个小细节让J小姐很感动。

我们本以为第一次约会他们会约在比较正式且高档的地方,没想到C先生却带她去了一家非常小且不起眼的西餐厅。J小姐说,这家餐厅虽小,但里面的装潢、布置让人非常安心,C先生也为她讲起带她来这间餐厅的用意。这是一家有特色的餐厅,店主人要求客人们不许大声喧哗,否则会罚款,因此餐厅里很安静,人们在谈笑时也会注意不打扰别人。店内的餐具非常有特色,所有的餐具都是店主精心挑选的,颇有用意。

一起吃饭,C先生的话不多,但对好多事情都有自己的见解。当J小姐说出不同的意见时,他也不反驳,只是认真地听着。在谈到某个观点时,他不是很赞成她的想法,但他并没有打断她的话,而是等她说完,表示理解后,再说出自己的看法。

> 爱源于吸引,最能吸引我的一点,是你的教养。我们要嫁给一个对内对外都有教养的人,因为教养是一种保障,他会成为你的港湾,而不是风浪。

他们第二次约会是在平安夜，那天各种饭店人满为患，于是他们只好跑到大排档打包了几个菜，两个人坐在街头长椅上边聊边吃。

那天J小姐胃口不好，剩了一些饭菜。C先生接过去，把饭菜单独收在一个袋子里，又把啃过的骨头、鱼刺和一些垃圾放在了另一个袋子里，找到垃圾箱，系好了，丢进去。

J小姐有些纳闷，说反正都是要丢的，放在一个袋子里不好吗？比较环保啊。C先生说分开放比较好，万一有流浪汉翻到了，饿了，想吃就可以吃。但是如果把垃圾倒在饭菜里，太脏了，可能他就吃不下了，想想那样的画面有点儿辛酸。

我们见过许多人，他们会把抽过的半支烟按灭在吃剩的饭里，也往菜盒里丢擦了鼻涕的纸巾，还往火锅里乱倒一些脏东西。这看起来似乎也没什么错，毕竟是垃圾，迟早都要丢掉的，有什么问题呢？C先生的解释却打开另外一扇温柔的窗户。下意识地体贴和关照未曾谋面的另外一些人，这样真好。

J小姐说C先生不是她遇到过条件最好的人，但是最善良，懂得尊重他人，为他人着想，有教养的人，和他在一起很温暖舒服，所以她最后选择了C先生。

能和心仪的人约会是件愉快的事，你的言辞、举止要格外注意，不能一味夸耀自己，做出不礼貌、粗俗的举动。如果你的伴侣是个缺乏涵养的人，想来你也不愿意与他交往。约会中的诀窍就在于你要巧妙地展现你的优势，但也要学会适当示弱，并提供机会让对方也展示出自己优秀的一面，再加上你时不时地做出一些善解人意、贴心的举动，才会让你在约会中加分。当然，最重要的还是内心的善良温柔，时刻为他人着想。

> 教养，决定了生活的底线，不一定所有教养良好的人都适合在一起，但嫁给教养，就是嫁给一种保障。

5
Part

好好说话：
教养改变命运

你嘴上说的,就是你的人生

语言就如同把飞机带到目的地的自动引擎,
只要正确按下按钮,
它就一定能把我们带到目的地。

不知道你发现过没有:那些总是能把事情做成的人,在跟别人交流的时候总是面带微笑,总是说我可以;而那些做事总是放弃的人,一般都会说我尽力了。说话与做人是一个道理,你说的每句话,就是串联起你人生的每个结点,你嘴上说的,就是你的人生。

我们可以从一个人的谈话去了解一个人的心态。有人一开口就是抱怨、指责,甚至是诅咒、说人是非,这些都是内心充满负能量的表现。

我有一个闺蜜认识十几年了,关系很好,她善良、真诚,但就是心态消极,经常抱怨这抱怨那,本来很简单的事情,她能给我打电话抱怨一个小时。从办公室同事不够友善,到男朋友不够体贴,再到刚买的衣服才穿一次就坏掉了,事无巨细。本来闺蜜之间聊聊生活,很正常,但太频繁又充满抱怨的话,听多了,真的容易累。

一次我加班赶稿子,到了十点多才回到家,刚坐下一看,十几个未接都是闺蜜打的,以为有什么要紧的事,赶紧给她回了电话。电话那头,闺蜜一句"好无聊啊",让我没了话。

"真的好无聊啊,每天上班就办公室那么一点事,下班也没什么事,你说生活怎么那么无聊呢。"

"你要没什么事做,我可以给你推荐些书和电影,还有一些网站,你之前不是想学软件吗,我这有一网址,里边有好多课程,你可以去听一下……"

"不行,我一看书就困,之前你给我那些书还没看完呢。你说别人的生活怎么就那么丰富,你再看看我。工作工作吧,简单、单调,工资又不高;有男朋友吧,他又天天忙,根本不陪我,前几天他给我买的衣服不合适,我说了他几句,他就……"

就这样，我听她抱怨这些听了一个多小时，最后实在累得不行了，她还在说商场的人怎么过分。我是一个天生乐观的人，但每次和她聊完天，心里总不太舒服。开始我还当个小太阳，努力发光，但后来发现怎么也照不亮她那，她永远被生活那么琐事烦扰着，动不动就怨天尤人。

自己嘴巴讲出来的坏话，最先听到的是自己的耳朵，久置心中，将成为心田恶种，日久开出恶花，这就形成了负能量的循环。闺蜜一直处在这种抱怨中，却不愿学习，不愿改变。最终把生活弄得一团糟，却还不自知。

乐观、积极，不把抱怨放在嘴边，是对生活的尊重，尊重生活，生活才会善待我们。

> 礼貌不代表虚伪，它能帮你更容易地获得他人的好感，而没有礼貌的"直言"也不代表你真诚，还会让你错失很多机会。

说话要有礼貌，要让听者舒服。我有个同事，打电话从来不和人说"您好"，麻烦别人从来不说"请"，受到别人帮助后也不说"谢谢"。他觉得这都是无关紧要的小事，说话应直入主题，免去客套，这样能给人一种精明干练的印象，不说"请"和"谢谢"是因为他觉得自己会把这些记在心里，口头表达都是虚伪的。但这一切只是他以为，很多客户接到他的电话后对他的印象大打折扣，从而失去继续合作下去的兴趣，同事觉得他从来不会感谢别人，所以对他的求助也是置之不理，后果就是他在业务上连连失利，人缘又不好，而他又不自知，总是抱怨运气不好、时机不对。

你说话让人舒服的程度，决定你所能抵达的高度。自以为直率的简明，有时只会显得缺乏教养。多一句亲切的问候，真诚的感谢，让别人心里温暖的同时，你也能获得好人缘，获得内心的快乐。这不是虚伪，而是一种教养、一种智慧。

所谓情商高，就是会说话，多一句不美，少一句不妙。"耿直"也要看场合、分对象，一味地"耿直"，不是真性情，而是没分寸。

领导在会上发言，讲错了，作为下属，帮忙圆过去才是你该做的，而不是为了表现你多么博学而直言指出领导的错误；女朋友买了件新衣服，第一次穿问你好不好看，你应该适当表示肯定来增强对方的自信，而不是为了表现你的审美观而大肆批判，说一些"买贵了""不适合你"之类的话；闺密或者哥们儿找你诉苦，吐槽工作压力大或者感情不顺利，你可以当一个彻头彻尾的倾听者，或者有好的建议也可以适当提出，最关键的是说一些宽慰对方的话，而不是抓住机会向对方说你工作是多么顺利、感情是多么稳定来展示你的优越感。

在不经意的时候，你可能就因为自己的话赢得了一份友谊或者失去了一份信任，赢得了一个机会或者失去了一份好感，收获了一段感情或者从此形同陌路。话语不经意间就改变了一个人的人生，体现了一个人的涵养。

> 说话容易，会说话难，你一张口就暴露了你是一个什么样的人，你嘴上说的，就是你的人生。

不会聊天,再美也就是五分钟的事儿

好看的皮囊千篇一律,
有趣的灵魂万里挑一。

75%的男人都喜欢一种女人,不是漂亮的,不是贤惠的,而是有趣的。当我听到这个结论时,觉得很有意思。究竟什么样的女人才是有趣的呢?在我的威逼利诱之下,几位男性朋友说出了心里的标准。尽管各有差异,但他们都一致指向了一点:会说话的女人最有趣。

这看似有些荒唐的结论，却又如此不容人反驳。如今，大多女人都认为拥有美貌才是一个人最大的魅力，因此有许多人不惜冒险加入整容的行列。但漂亮的脸蛋会让人有兴趣和你聊天，却不能让你成为一个有趣的人。美貌也许可以帮助你获得好眼缘儿，但是一旦深入接触发现你只是空有其表，恐怕没人愿意跟你一起承受这份空虚。

朋友一起喝酒，他突然大发感慨："有的姑娘只能看，不能聊，一聊天就完蛋。"我接了一句："那我呢？"朋友斜了我一眼："你啊，你是只能聊，不能看，看了就完蛋。"大家哄然大笑。当然，这只是玩笑话。后来趁着酒劲儿我套出了他一段不为人知的感情故事。他一度以为自己找到了灵魂伴侣，没想到却是水中捞月。他们是在网球场上认识的，两个人一见如故，相谈甚欢。当天晚上，他因此兴奋得睡不着觉，甚至想娶她为妻。

> "如果你没有其他的东西让人对你保持兴趣，那么美貌也就是五分钟的事儿。"

他后来才发现,"一见如故"的女朋友对网球并不感兴趣,她自己也没有什么值得称道的高雅爱好,只是背了几本速成书,想通过伪装钓个金龟婿。两人迅速确定恋爱关系后,她很快就回到了买奢侈品和看肥皂剧的生活了。日常生活中他们并没有共同话题,他兴高采烈地说自己最近的项目,说喜欢的导演,而她沉浸在肥皂剧里,对他的话置若罔闻,时间长了,他也就失去了和她聊天的兴趣。

聊天看似是一件轻松愉快的事,其实很体现一个人的修养。有的人说起话来既风趣又幽默,很为他人着想,让人忍不住想和他多聊几句。而有的人说话却口无遮拦,总是说一些让人尴尬的话,他一开口就打消了别人说话的念头。珠珠就和我说起过一件让她怨念深重的事。

珠珠爱吃,这是我们几个好友都知道的事。她口味重,尤其爱吃荤菜,曾立下豪言壮志:吃遍天下美食!那天珠珠约阿博出来吃饭,阿博把自己新交的女朋友也带了过来。一般来讲,三个人的饭局会很尴尬,但珠珠大大咧咧的性格使她的男性朋友们经常会忽略她的性别,把她当好哥们儿看待。而且只要有珠珠在,饭桌上就没有"尴尬"俩字,她总能想出什么新奇搞笑的段子,把气氛活跃起来。

别看珠珠身宽体胖,却是个心思细腻的人,她特意标出几个特色菜,让阿博的女友瞧瞧吃不吃得惯。没想到那个姑娘只说了一句话就让珠珠愣愣地收回了菜单。"哎呀，那么腻的东西，女孩怎么吃呀？快拿走，快拿走。"一听这话，珠珠心里很不是滋味。她说："我的性别有那么模棱两可吗？难道她没看出我也是个女的？"想着大家初次见面，又碍于阿博的面子，只好照顾着对方的口味点了一桌子素菜。

珠珠到底是无肉不欢，饭吃到一半，她实在是按捺不住又加了一道滋味肥肠。肥肠一上来，珠珠立马来了精神，连忙张罗："你们俩都尝尝，他们家的肥肠做得一级赞，不吃会后悔的。"珠珠招呼得不亦乐乎，夹起一块就要往嘴里放。

谁知道，那姑娘又开始毫无眼色地插话："天哪，你知道肥肠里以前装的是什么吗？多不卫生呀，快别吃了。"姑娘的一句话让珠珠尴尬极了，筷子停在嘴边，看起来格外滑稽，阿博的脸色也不好看。那天的饭局自然不欢而散。

珠珠跟我说的时候，小脸都气红了："哪有这样的人呀？我还不知道猪大肠里以前装的是什么吗？她这话说得，我一口饭都没吃下去。"我打趣地说："你不是还吃了一肚子蔬菜嘛。"珠珠告诉我，在吃货面前，侮辱美食是最大的禁忌。

她絮絮叨叨地抱怨了好一会儿。仔细想来，那个女孩跟她无仇无怨的，我想应该只是不会说话，并没有故意恶心珠珠的意思。珠珠虽然也明白这点，可对那女孩的印象却是大打折扣，她说："阿博的那个女朋友看着还挺好看的，谁知道说话完全不考虑别人的感受。"

很多时候，我们一不留神就会成为别人厌恶的对象。为什么呢？很可能是因为你的某一句话触碰了别人的底线，让人对你避而远之。不会聊天，很能因为一个人天性内向或不懂人情世故，但如果说话完全不考虑他人的感受，就不只是不会聊天了，而是没有教养。

漂亮是女人的资本，但更多时候，一个女人的魅力不仅仅来自她美丽的容貌，还源于她自身的修养和学识。一个善于聊天的女人，必定是腹有诗书、思维发散的，她们懂得为他人着想，不让别人尴尬为难。无论遇到什么人，或身处什么样的场合，她们都能够应对得当，收放自如。这样的魅力，远远胜过一个漂亮的脸蛋。

其实，想愉快地聊天，我们需要的不仅仅是技巧，更重要的是情感上的接纳。当感受到对方对自己充满兴趣，自己处于被接纳的状态时，内心就会给自己一个放松的信号。放松的人往往能够畅所欲言，并且能说一些能让对方眼前一亮的内容，从而越聊越投机。

> 不要把聊天当成卖弄，不要把无礼当成直率，以真心换真心，懂得尊重他人，才能达成最美好的情感共鸣。

学会倾听,是对他人的最高赞扬

对别人诉说自己,是一种天性。
认真倾听别人的诉说,是一种教养。

聊天时,我们最容易忽视的一个坏习惯就是打断别人的话。被人打断比对方接不上话更让人难以忍受,打断别人讲话是一种非常失礼的行为。但很多时候,当我们听到和自己相关的话题时,总会忍不住插上一句,或是在别人说自己不感兴趣的话题时随意打断。这样的行为往往让人反感,甚至还会上升到教养问题。健谈是一件好事，但是也要注意分寸，不要轻易打断别人的话，否则会影响对方对你的印象和你们谈话的质量。

网上流行这样一种说法：上帝创造人的时候，为什么只有一张嘴，却有两只耳朵？是为了告诫人类，要少说多听。

一位已到不惑之年的民间科学家作为嘉宾参加了一档科教节目，在现场大胆地向在座导师们提出了自己对未来的设想，在那时看来，他对于未来的一切设想都是不切实际的，所以当他说到一半时，便不断受到现场导师和主持人的嘲讽，场面略显尴尬。

事后，导师和主持人的行为引来了众多网友的反感，无论你是影响力大的公众人物还是某领域的权威，听别人把话说完是最起码的尊重。否则，在你急急忙忙地给予他人否定的同时，也损害了自身的形象。

更讽刺的是，几年过后，那位民间科学家对未来的假设得到了科学的证实。于是，当年那个节目的视频被网友们再一次找设想出来，导师和主持人都受到了舆论的强烈谴责。

作为导师，在现场纵然可以参与话题的互动，但是最基本的是，他们应该认真倾听嘉宾们的发言，哪怕一些言论在当时看来略显荒谬，但学会倾听和尊重他人的话语权是一个人最基本的教养。

　　曾经的我自认为看书多,觉得自己什么都懂,所以对于别人的话没有耐心倾听,经常插话。

　　一次和一些校友一起参加一个活动,活动后聚在一起聊天。大家谈起了自己的兴趣爱好,有人说自己最大的兴趣爱好就是看日本小说,说完提到了几个自己喜欢的作家和作品。我有些像被别人抢了自己最喜欢的东西一样,内心不以为然。说到看书,尤其是日本文学,我已经看了很多年了,你们谁有我看得多吗?内心这样想着,嘴上就不由得说了出来。

　　于是我开始滔滔不绝地给大家讲解起日本文学,从不同流派的作家,到他们的代表作品,并对一些有名的小说进行分析。讲了整整半个小时都没有停歇,直到我看到最开始兴高采烈的那位同学极度不快的表情,才闭上嘴巴。但是,当我停下后,大家也没兴致继续讨论刚才的话题了。

　　还有一次,我在会议上和团队小伙伴们讨论选题,大家都积极地提议,但是,大家的提议在我看来都毫无新意,于是还没有等到他们陈述完观点,我就直接说出了不同的意见。过了很久,选题还没有定下来。大家看到我否定了别人一个又一个的观点,便问我是否有更好的点子,其实我只是习惯性地去否认别人的观点，自己也没有更好的想法，所以尽管我酝酿了半天，也没有说出什么有建设性的观点。

这时候，一位心直口快的同事发话了："看你每次一副高傲的样子，完全没有耐心去倾听别人的讲话，以为你会有多少真材实料呢，原来肚子里半天也倒不出什么东西啊。"听了她的话，我仿佛挨了一记耳光，原来自己一直以来根本就没有耐下心来去倾听别人讲话，怪不得那么多次成为话题终结者而不自知。

失败的倾听者犯得最多的错误就是打断别人。每个人都有自己的见解和表现自我的意识，即便对方的见解你并不认同，也不要轻易打断别人的谈话。要知道倾听是沟通的第一步，而不轻易打断别人的话，是倾听的基本法则。当你静静聆听别人的见解时，也会在不知不觉中提升你的交际魅力。做一个好的倾听者，不仅是对别人的最高赞扬，更是对别人的尊重。我们都希望在自己说话的时候不被别人打断，那么我们也就不能随意打断别人说话，所谓"己所不欲，勿施于人"，说的就是这个道理。

有一个同事阿琛，平时话不多，也不引人注目，但是他在公司却很受欢迎，人缘很好。我对此一直感到疑惑不解，直到和他聊了一次天后，才明白了他受欢迎的原因。

和阿琛聊天的整个过程中，他的神态一直非常认真，真诚地注视着我，身体微微前倾，一副认真聆听的样子。虽然我知道自己说的并非什么有哲理的话，但内心仍然感觉很舒服很受用，放松的同时，思路不知不觉就打开了，偶尔蹦出一两句让我自己也很得意的金句和有趣的见解，阿琛也能适当回应，于是我们谈兴越来越浓，谈话质量无形中就提高了。在我偶尔停顿不知该如何表达时，阿琛也会适当鼓励我继续说下去，有时候也提出自己的见解，给我很大的启发，使我们的谈话越来越深入，有种酣畅淋漓的感觉。

跟他聊天的整个过程中，他从来都没有无故刷手机，或者神游天外"佯听"，我深切地感受到他对我的话语的重视和对我的尊重。和他聊过这一次，我终于明白为什么他在大家的圈子中有这么好的人缘了。原来倾听也是一门艺术，既是对对方的最高赞扬，也更加容易获得对方的信任。

> 没有谁会忙到连等待别人表达完的时间也没有，如果你习惯打断别人，那么你缺的不是时间，而是教养。

富有魅力的倾听者,并不是滔滔不绝地给人指点迷津,而是耐心地倾听别人的诉说。在我们与别人沟通时,不要急着打断别人的话,或急着发表自己的看法。每个人都有自己的想法,别人只说了一个开头,你就急着去打断,怎么能知道对方接下来会说什么呢?

当别人在叙述故事时,不要急着打断,故事可能你听过,其他人也听过,但如果对方刚刚说起,你就立刻打断他,会使他陷入一种尴尬的处境。当你耐心地听他讲完后,再发表自己的看法,不是更好吗?尊重是互相给予的,如果你只顾自己,而忽略别人,相信对方也不会信任你、尊重你。

> 认真倾听他人的讲话,不随意打断别人,是对他人的尊重。最好的教养就是做好一个倾听者,认真聆听别人的话。

当时我就震惊了：不要用恶语毁掉关系

一句暖心的话，
能使人沐浴在春天里，
而恶语伤人好比严霜酷雪冰冷残忍。

美国著名的思想家、文学家埃莫森曾经说过这样一句话："用刀解剖关键性的字，它会流血。"由此可见语言是有一定生命的，它具有创造性，更具有毁灭性。诗人安琪洛也曾说语言具有一定的力量："言辞就像小小的能量子弹，射入肉眼所不能见的生命领域。我们虽看不见言辞，它们却成为一种能量，充满在房间、家庭、环境和我们心里。"

古人言："利刃割体痕易合，恶语伤人恨难消。"用利刃割伤身体，伤痕容易愈合，而用恶语伤了人心，别人就会一直难忘。恶语伤人，完全不去考虑这些话会给听者带来多大的伤害，不管你是有心还是无意，都是没教养的表现。

小A和小B是多年的闺蜜，俩人亲密到可以穿同一件大衣，吃同一碗拉面，心事更是无话不说。

后来小A交了年轻有为的男朋友，经他介绍，进了家不错的公司，一切如意。闺蜜却没这么幸运，遇人不淑，生活一团乱麻。

小A为闺蜜着急，花很多精力帮她介绍男朋友。问了好多朋友才找到一个合适的，迫不及待地介绍给闺蜜：人超好，家境也不错，很有上进去，哪天介绍你们互相认识一下。闺蜜却没有回应她的热情，只淡淡说了一句：靠男人算什么本事。

小A愣了，这是什么意思，影射她靠男人过活吗？她现在的公司是男朋友介绍的，可除了介绍她去面试，男朋友没帮什么，这些小B都是知道的。她这样说是什么意思，她没想到在闺蜜眼里，自己是那么不堪。小A觉得很难过，红娘没心思再当，交往也勉强了，心再也没对闺蜜敞开过了。

本来无话不谈的闺蜜，因为一句话，亲密关系不再。小B说那句话可能因为自己当时情感不顺，但却给小A带来了伤害，毁掉他们关系的正是恶语。

很多时候，我们的客气、礼貌和教养都表现给了那些关系不是特别亲近的人；而对关系真正亲密的人，反而显得非常随意，甚至不顾及对方的感受，恶语伤人。

我曾经对年幼的妹妹说过"怎么那么笨啊，我跟你说不清楚。"对心爱的另一半说过"你根本就配不上我，那么没有上进心，不知道当初怎么会嫁给你。"对年迈的父母说过"你懂些什么，什么都不知道，不要管我。"

> 用一些恶语来伤害他人，这些话就像魔音一样，听得最多的人，伤得也最深。当口出恶语成为一种习惯，这种语言就会深埋于心田，长出不好的苗子，毁掉原有的亲密关系。

对妹妹和爱人说这些，是因为恨铁不成钢，想用话语刺激他们，以为是为他们好，其实是打着为他们好的旗号伤害了他们。恶语伤人，我以为的爱，其实是一种伤害。有时候，当我们在气头上会说出一些伤人的话，说完冷静下来也很后悔，但话已说出，造成的伤害已经存在，后悔已然没有什么用了。这些都是我们最亲的人，这些话像刀子一样伤害了他们。

确实，很多时候，我们因为心烦或者心中有气，说话总是态度恶劣，甚至讽刺挖苦。我曾亲眼见过一个小姑娘因为在超市买了一袋过期的面包而气势汹汹地到超市理论："你们超市怎么回事，竟然把过期的食物卖给顾客，你们知不知道这样会吃死人的，赶紧给我退货赔钱，要不然我打电话给电视台曝光你们。"原本还能平静以对的售货员这时也有点绷不住了，脸色难看、语气生硬地说："你就拿着这个证据去曝光啊，那还换个什么劲儿。"两人就这样你一言我一语地吵了起来。恶语相向，关系一再恶化。我这个看客则有些无语，退货不就行了，为什么非得这样呢？互相攻击来攻击去，谁也讨不到好，这又是何必？在气愤中，在争吵中，不仅使事情得不到解决，还暴露了双方教养的不足。

古人有云，口能吐玫瑰，也能吐蒺藜。说出的恶语就像钉在墙壁上的钉子，即使懊悔时拔下了钉子，但墙壁已经不复当初。正如说出一句歹毒的话，即便事后你说了再多的对不起，别人心上的伤痛也难以抚平。言语切勿刺人骨髓，戏谑切勿中人心病，说的便是这个道理。一个人哪怕有一颗豆腐心，可她的刀子嘴也会使人置身冰窟，难以抚慰。

很多人以为自己板着面孔、严厉苛责才能让他人心生敬畏。其实，一句温暖的提醒，永远胜过咄咄逼人的诘问。我们和人说话的目的，是为了有效沟通，而沟通意味着两个人的位置是对等的，而不是一方高高在上，颐指气使。让人主动亲近的人，往往是那些温文尔雅、懂得好好说话的有教养的人。

> 一个真正有教养的人能对陌生人温和有礼，能对身边的人宽容有度；不仅能在心情好的时候温柔可亲，更能在情绪不好的时候收敛脾气，不以恶语伤人。

细节见修养:英国人平均每天说100次"对不起"

所谓的人品、素养,其实都体现在细节里,
窥一斑而知豹,落一叶便知秋。
你的每一个动作,每一句话语,每一次善举,
都是你对这个世界的展示,都是你的名片。
细节最能体现一个人的修养。

英国人平均每天说 100 次"对不起",这听起来似乎有点匪夷所思,100 次有点夸张,但英国人确实经常说"对不起"。最近英国的一项社会调查表明,他们平均每天要说 8 次"对

不起"，而其中有八分之一的人一天会道歉20次。"sorry"（对不起）已经成为英国最常用的词汇，英国人时不时地就会说一句"对不起"，他们对此已经习以为常，或者说，在英国人眼中，说"对不起"是一种礼仪，更是一种良好教养的体现。

微微是一位资深HR，在识人、认人方面很有一套，我们笑称她有一双"火眼金睛"。一次聚会中，当说起教养问题时，她笑着说："我们公司面试员工的过程中，其中一项就是到食堂吃饭。"这是什么面试方法，我们都表示不解，她继续解释："在吃饭过程中，我们会着重对面试者的细节方面进行观察。在餐桌上，很多微小的动作不仅能体现一个人的性格，还能让个人教养一目了然。比如，夹菜时的动作，吃饭时是否发出声音，是否在嘴巴里有食物时讲话，餐桌清洁度等，任何一个微小的细节都能把你打回原形。当听到一位应聘者对食堂员工说出'谢谢您'的时候，会让我们对他刮目相看。"我不由得赞叹：人生处处是考场，不经意间的语言、动作都能把自己出卖。说到这里，我脑海中突然浮现出一些让人暖心的小细节。

上大学时，我的一位室友生活中很注意一些小细节，从不会突然掀开别人的帘子,也从来不会把眼神停留在别人的电脑或手机屏幕上,她总说,这是对他人隐私最起码的尊重。每次用完公用水龙头后,她都会非常认真地用干净的水冲洗一下自己不小心弄到水龙头上的肥皂沫。即便受到他人再微小的帮助,她都会微笑着说"谢谢"。即便自己犯了毫不起眼的错误,她也会为此说"对不起"。工作之后,有位同事只要是在早上八点之前或者晚上十点之后有事找我,都会先发一条短信问我是否已经休息,当确认我还没有休息时,她才会打电话来,而第一句话就是:"实在抱歉,打扰到您。"每次听她如此说话,我心里便产生一阵暖意。

也许这些是一些微不足道的小细节,不过,正是这些微小的细节就足以反映一个人最深层次的修养。

前段时间和朋友们出去玩,美景在前,无暇他顾,大家都拿出了手机拍照,自拍、合影,不亦乐乎。

> *"修养这个东西就像血管一样,可以盘根错节地生长在一个人的血肉之躯的最深处,不可分割。"*

不经意看到女友正P图，好奇凑过去想学习学习，却发现她P得是合照，正将合照上的每个人稍显瑕疵的部分，稍作改动，仔细调整，然后发群，耐心询问："我想发这张，可以吗？"虽然是个小插曲，我记了很久。还有很多类似的事。

在那趟旅行中，出行是小轿车。五个人，前排二，后排三。中间位置稍显拥挤，身侧二人提议轮流，次次主动换中间的位置。驾驶位的姑娘，阳光直射她手臂，大家纷纷将枕头外套，依次传递过去给她挡。

几位朋友吃饭，偶尔由一人结总账，将那账单发到群里，大家会很快将钱转过去。结总账的人说没事，我们笑言记性不好，要及时才能不忘记。

这样的旅行，温馨愉快，这样的聚会，顺利和睦。大家都没有刻意做什么，但整个过程十分舒服。

其实都是很微不足道之事，可正是这些微不足道之事，积小成大，积少成多，成为对整场活动的宏观感受，成为对具体到人的妥帖印象。正所谓，细节见素养，细节识人心。

一个人的修养和气度能够决定一个人的未来，要想取得成功，就应该在小事上做得周到细致，在小事上能够让人感到舒服；反之，那些待人接物格外张扬、不懂得收敛自己的人，终究难以实现大的抱负。

当你想判断一个人的修养如何时，不妨仔细观察一下他说出的话和发生在他身上的小事儿。因为修养往往就藏在那些小事儿里，可能是双手接过别人递来的东西；屋里有人休息时，不发出声音；有礼貌地对所有人，不管是上司、长辈、孩子、餐厅服务人员或是路边捡垃圾的老者；尊重不同于自己的意见。

好修养难能可贵，但并不是高贵的人才能拥有，平凡的人就触不可及。它存在于每个有涵养、体贴，能够包容别人的人身上。容貌之美会随着时间逝去，而人的修养会在举手投足之间，随着年龄的增长将生命之美刻进岁月。

> 修养是谈吐有节，懂得聆听；修养是心平气和，以理服人；修养是尊重别人，尊重别人的选择、观点、时间；修养是不卑不亢，落落大方。

语气中见自信

有教养的人,
言语之间都是优雅自信,
语气积极坚定。

社会心理学中有这样一个理论,名为"晕轮效应"。这一理论认为,你留给别人的"第一印象"会成为别人对你做出判断的心理依据。著名心理学家雪莱·蔡根曾做过一项实验:从莫萨立顿大学挑选了60多名自愿参加实验的大学生。这些大学生基本上没有太大的区别,不过有的大学生气质非凡、自信乐观，而有的大学生则仪态平平、害羞腼腆。接下来，这60多名大学生分别向几位陌生的路人征求意见，希望得到他人的支持。结果自信乐观、仪态良好的大学生获得的支持率远远高于腼腆害羞、仪表平平的大学生。

自信的人通常会说"好""没问题""我觉得这样更好"，语气非常坚定，在这些肯定的、富含积极的语气中，对方在看到自信的同时，还看到了一种良好的教养。因为富有教养的人不仅思想积极，还能做到谈吐自信。相反，一个经常口出狂言、以不知为知、以不懂为懂，甚至口无遮拦、出口伤人的人，在贻笑大方的同时，也会被贴上无教养的标签。当然，相较于口无遮拦的人来说，羞怯的人往往不会说出没有教养的话，却在言语和行为上与教养有一定距离。羞怯的人往往会说"看看吧""我试试吧""我不敢"，语气中更是充满疑虑，似乎这是件很难表态的事情，这种扭捏的姿态，会让人对你产生怀疑，并最终质疑你的教养。

> 自信是发自内心的自我肯定与相信，是凡事尽善尽美的决心，是积极的表现。

日本著名教育家多湖辉曾讲述过这样一件事。一次,他的一位朋友给他打电话,说:"我们公司现在急需一名职员,你那儿有没有合适的人选?"恰好,他的一位学生刚刚毕业,也符合条件,多湖辉便让这个学生去面试。

那天晚上,打电话的朋友过来了,多湖辉满以为朋友是要告诉他录取了那个学生的好消息,谁知朋友竟说:"你的那位学生看上去能力不错,人品也可以,但我觉得他过于自卑和忧郁,感觉不好,所以决定不录用他。"

一听此话,多湖辉马上意识到这个学生是有这样一个缺点——平常说话细声细气,仿佛是喃喃自语,显得不自信不说,看起来很不礼貌。他对朋友说:"你再给他一次面试的机会吧,他其实是个很优秀的学生。"朋友拗不过他,于是答应了。

他马上找来那个学生,告诉他说话一定要大声点儿,让人感觉到他的自信,不要说话那么小声,给人不礼貌的感觉。结果,这次朋友的反应不一样了:"我觉得他并不那么差劲,也许第一次面试时,他太紧张了。"最后,这个学生被录取了。

有时妨碍我们的不是能力,而是我们说话时所表现的自信程度。确信自己可以做好一件事,可以胜任一个职位,就要在言语中表现出来。有时候,自信和口才是相互作用的。

自信满满、胸有成竹的人，说起话来很有底气、权威，感染力非常强。说话唯唯诺诺，不仅是不自信，也是不尊重他人的表现。语气中的自信，不仅可以表示对他人的尊重，还能为我们赢得尊重。

我有一个同事，是一个刚毕业一年左右的姑娘，她虽然刚来公司一年，但已初露头角，是公司的重点培养对象。开始，我对她不怎么了解，但经过一个活动，我开始佩服这个姑娘了。

有一次，我和她一起做一个活动，她最后出场。活动已经进行5个多小时了，观众在硬板凳上坐了5个多小时，身体和精神都达到了忍耐的极限，各种打呵欠、玩手机、跺脚、睡觉，根本没人听台上的人讲话。

而姑娘从容上台，脸上挂着大方的微笑，娓娓道来，字正腔圆，话语自信，无视台下的兵荒马乱。十分钟过去了，她状态依旧不变。到最后，大家都被她感染，停止喧嚣，放下手机，听她讲话。

她用自信从容的状态完成了活动，也赢得了大家的尊重。

在日常生活中，我们的一举一动、一颦一笑都向外传递了大量信息，不仅能显露出自身的良好品格，自信的表现、流利的表达、得体的谈吐，更能展现出良好的教养。我们所表现的自信程度，代表了我们能力、态度和教养，自信的言谈举止，是对对方的尊重，也会为我们自己赢得尊重。

> 教养是不断地积累，是内心的丰盈，我们必须有恒心，尤其要有自信！我们必须相信我们的教养价值千万，无论何时何地，都不能丢失教养。

Planner

21天教养养成手账

第一阶段　　*Day 1*

- [ ] 别人给你倒水时,礼貌说"谢谢"。
- [ ] 遇到带小孩和手里拿东西的人,帮忙扶住门。
- [ ] 吃完饭退席时说:"我吃完了,你们慢用。"
- [ ] 递别人东西用双手。
- [ ] 吃饭时端起碗,不拿筷子敲碗。
- [ ] 推门、按电梯门时让别人先出去。
- [ ] 帮别人倒茶倒水之后,壶嘴不对着别人。

Day 2

- [ ] 吃饭时尽量不发出声音。
- [ ] 到朋友家吃完饭,主动帮忙洗碗清理桌子。
- [ ] 女孩子坐姿端正,不翘二郎腿。
- [ ] 最后一个进门记得随手关门。
- [ ] 送人走时说:"慢走。"
- [ ] 洗完手不随意甩手,避免水甩到别人身上。
- [ ] 不打听同事的私事。

第一阶段 Day 3

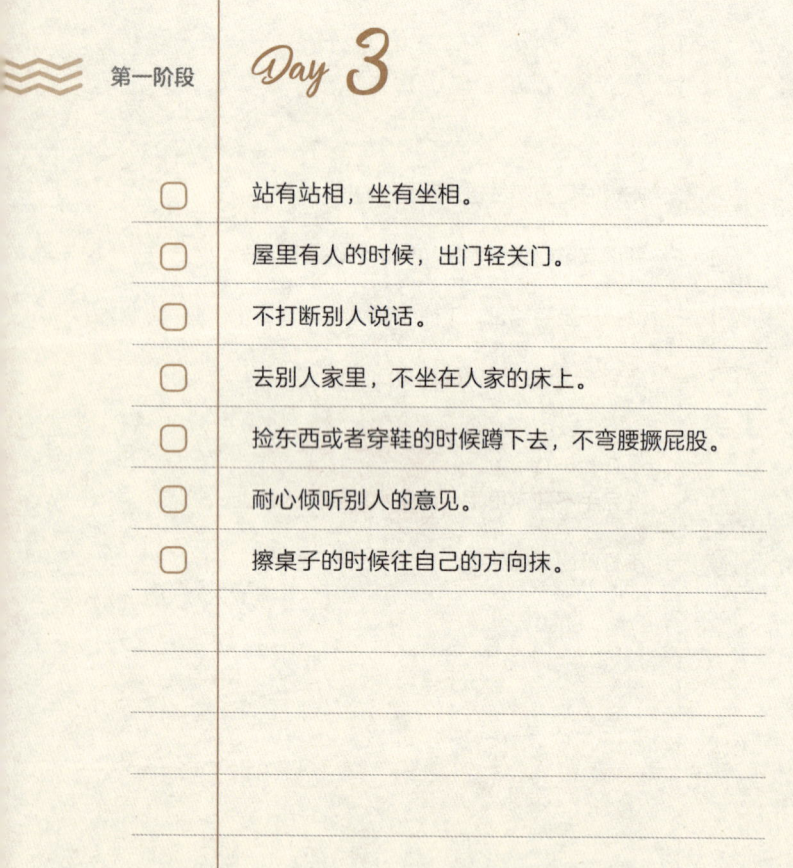

- [ ] 站有站相,坐有坐相。
- [ ] 屋里有人的时候,出门轻关门。
- [ ] 不打断别人说话。
- [ ] 去别人家里,不坐在人家的床上。
- [ ] 捡东西或者穿鞋的时候蹲下去,不弯腰撅屁股。
- [ ] 耐心倾听别人的意见。
- [ ] 擦桌子的时候往自己的方向抹。

Day 4

- [ ] 随手捡起地上的垃圾丢到垃圾筒里。
- [ ] 接电话要说:"喂,您好!"
- [ ] 走路时手不插在口袋里。
- [ ] 起身离开时将椅子放回原位。
- [ ] 说话看着别人的眼睛,对视的时候微笑。
- [ ] 停车入位,给别人开车门留好空间,车头向前,方便离开。
- [ ] 别人为自己开门记得说谢谢。

第一阶段　　*Day* 5

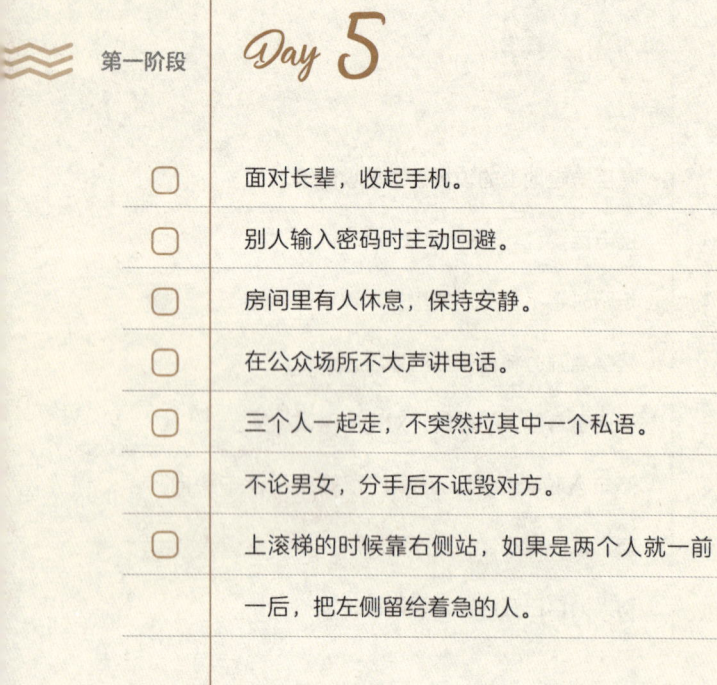

- ☐ 面对长辈，收起手机。
- ☐ 别人输入密码时主动回避。
- ☐ 房间里有人休息，保持安静。
- ☐ 在公众场所不大声讲电话。
- ☐ 三个人一起走，不突然拉其中一个私语。
- ☐ 不论男女，分手后不诋毁对方。
- ☐ 上滚梯的时候靠右侧站，如果是两个人就一前一后，把左侧留给着急的人。

Day 6

- [ ] 电影院不大声说话,手机调成静音。
- [ ] 下雨天开车,遇到行人一定减速。
- [ ] 借别人充电宝,充满还给对方。
- [ ] 打喷嚏咳嗽捂住嘴。
- [ ] 吃面的时候不发出声音,在别人发出声音时,不去打量。
- [ ] 上菜对服务员说谢谢,吃完饭收拾好桌面再离开。
- [ ] 夜晚开车,不乱打远光灯。

第一阶段 | **Day 7**

- [ ] 对发传单的人可以礼貌拒绝，但报以微笑。
- [ ] 遛狗时，打扫宠物的排泄物。
- [ ] 戴耳机时不和别人说话，说话时拿掉耳机。
- [ ] 不乱动别人东西，尊重别人隐私。
- [ ] 不嘲笑别人的外貌和身材。
- [ ] 自己的事情尽量自己做，不麻烦别人。
- [ ] 为老幼病残让座，约会吃饭时把更好的位置留给别人。

第二阶段 | *Day 8*

- [ ] 适当地回避别人的难堪。
- [ ] 不在别人面前诋毁他喜欢的东西。
- [ ] 不用开玩笑的口气说别人的短处。
- [ ] 说到就要做到,做不到的就不要承诺。
- [ ] 尊重任何职业,无论是保洁阿姨,还是快递小哥。
- [ ] 听别人说话的时候,眼神不要游移。
- [ ] 别人批评你的时候,即使他是错的,也不要先辩驳,等平静下来再解释。

第二阶段 | *Day* 9

- [ ] 适当地回避别人的难堪。
- [ ] 不在别人面前诋毁他喜欢的东西。
- [ ] 不用开玩笑的口气说别人的短处。
- [ ] 说到就要做到,做不到的就不要承诺。
- [ ] 尊重任何职业,无论是保洁阿姨,还是快递小哥。
- [ ] 听别人说话的时候,眼神不要游移。
- [ ] 别人批评你的时候,即使他是错的,也不要先辩驳,等平静下来再解释。

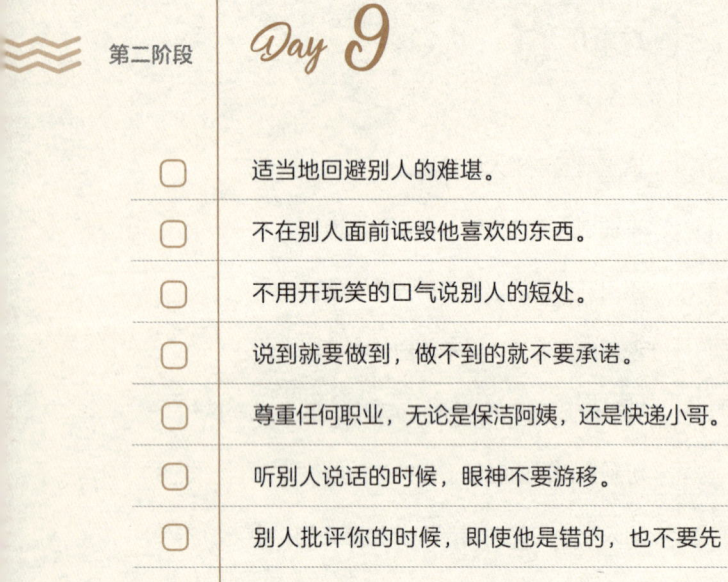

Day 10

- [ ] 适当地回避别人的难堪。
- [ ] 不在别人面前诋毁他喜欢的东西。
- [ ] 不用开玩笑的口气说别人的短处。
- [ ] 说到就要做到,做不到的就不要承诺。
- [ ] 尊重任何职业,无论是保洁阿姨,还是快递小哥。
- [ ] 听别人说话的时候,眼神不要游移。
- [ ] 别人批评你的时候,即使他是错的,也不要先辩驳,等平静下来再解释。

第二阶段 Day 11

- [ ] 适当地回避别人的难堪。
- [ ] 不在别人面前诋毁他喜欢的东西。
- [ ] 不用开玩笑的口气说别人的短处。
- [ ] 说到就要做到,做不到的就不要承诺。
- [ ] 尊重任何职业,无论是保洁阿姨,还是快递小哥。
- [ ] 听别人说话的时候,眼神不要游移。
- [ ] 别人批评你的时候,即使他是错的,也不要先辩驳,等平静下来再解释。

Day 12

- [ ] 适当地回避别人的难堪。
- [ ] 不在别人面前诋毁他喜欢的东西。
- [ ] 不用开玩笑的口气说别人的短处。
- [ ] 说到就要做到,做不到的就不要承诺。
- [ ] 尊重任何职业,无论是保洁阿姨,还是快递小哥。
- [ ] 听别人说话的时候,眼神不要游移。
- [ ] 别人批评你的时候,即使他是错的,也不要先辩驳,等平静下来再解释。

第二阶段　*Day 13*

- [ ] 适当地回避别人的难堪。
- [ ] 不在别人面前诋毁他喜欢的东西。
- [ ] 不用开玩笑的口气说别人的短处。
- [ ] 说到就要做到,做不到的就不要承诺。
- [ ] 尊重任何职业,无论是保洁阿姨,还是快递小哥。
- [ ] 听别人说话的时候,眼神不要游移。
- [ ] 别人批评你的时候,即使他是错的,也不要先辩驳,等平静下来再解释。

Day 14

- [ ] 适当地回避别人的难堪。
- [ ] 不在别人面前诋毁他喜欢的东西。
- [ ] 不用开玩笑的口气说别人的短处。
- [ ] 说到就要做到,做不到的就不要承诺。
- [ ] 尊重任何职业,无论是保洁阿姨,还是快递小哥。
- [ ] 听别人说话的时候,眼神不要游移。
- [ ] 别人批评你的时候,即使他是错的,也不要先辩驳,等平静下来再解释。

第三阶段

Day 15

- [ ] 学会调整情绪,阳光、积极、向上。
- [ ] 不在背后议论别人,不揭别人的短处,别人可以自嘲,但外人不要附和。
- [ ] 知人不评人,知理不争论。
- [ ] 做事情要适可而止,无论是狂吃喜欢的食物还是闹脾气。
- [ ] 对人真诚,不欺骗。
- [ ] 不苛责他人。
- [ ] 发自内心的温柔,对家人、朋友、陌生人。

Day 16

- [ ] 学会调整情绪,阳光、积极、向上。
- [ ] 不在背后议论别人,不揭别人的短处,别人可以自嘲,但外人不要附和。
- [ ] 知人不评人,知理不争论。
- [ ] 做事情要适可而止,无论是狂吃喜欢的食物还是闹脾气。
- [ ] 对人真诚,不欺骗。
- [ ] 不苛责他人。
- [ ] 发自内心的温柔,对家人、朋友、陌生人。

第三阶段　Day 17

- ☐ 学会调整情绪，阳光、积极、向上。
- ☐ 不在背后议论别人，不揭别人的短处，别人可以自嘲，但外人不要附和。
- ☐ 知人不评人，知理不争论。
- ☐ 做事情要适可而止，无论是狂吃喜欢的食物还是闹脾气。
- ☐ 对人真诚，不欺骗。
- ☐ 不苛责他人。
- ☐ 发自内心的温柔，对家人、朋友、陌生人。

Day 18

- [ ] 学会调整情绪,阳光、积极、向上。
- [ ] 不在背后议论别人,不揭别人的短处,别人可以自嘲,但外人不要附和。
- [ ] 知人不评人,知理不争论。
- [ ] 做事情要适可而止,无论是狂吃喜欢的食物还是闹脾气。
- [ ] 对人真诚,不欺骗。
- [ ] 不苟责他人。
- [ ] 发自内心的温柔,对家人、朋友、陌生人。

第三阶段 *Day 19*

- ☐ 学会调整情绪，阳光、积极、向上。
- ☐ 不在背后议论别人，不揭别人的短处，别人可以自嘲，但外人不要附和。
- ☐ 知人不评人，知理不争论。
- ☐ 做事情要适可而止，无论是狂吃喜欢的食物还是闹脾气。
- ☐ 对人真诚，不欺骗。
- ☐ 不苛责他人。
- ☐ 发自内心的温柔，对家人、朋友、陌生人。

Day 20

- [ ] 学会调整情绪，阳光、积极、向上。
- [ ] 不在背后议论别人，不揭别人的短处，别人可以自嘲，但外人不要附和。
- [ ] 知人不评人，知理不争论。
- [ ] 做事情要适可而止，无论是狂吃喜欢的食物还是闹脾气。
- [ ] 对人真诚，不欺骗。
- [ ] 不苛责他人。
- [ ] 发自内心的温柔，对家人、朋友、陌生人。

第三阶段　　*Day 21*

- [ ] 学会调整情绪,阳光、积极、向上。
- [ ] 不在背后议论别人,不揭别人的短处,别人可以自嘲,但外人不要附和。
- [ ] 知人不评人,知理不争论。
- [ ] 做事情要适可而止,无论是狂吃喜欢的食物还是闹脾气。
- [ ] 对人真诚,不欺骗。
- [ ] 不苛责他人。
- [ ] 发自内心的温柔,对家人、朋友、陌生人。